JN135842

じっくり観察
特徴がわかる

# コケ図鑑

大石 善隆 著（文・写真）

ナツメ社

# はじめに

2018年の春、本書執筆の話が舞い込んできた。何でも「コケのフィールド図鑑の決定版」をつくりたいのだという。

近年のコケブームもあって、この数年で多くのコケの本が出版された。どれも素晴らしい本なのだが、私が待ち望んでいたものとは少し違っていた。私が求めていた本とは、(1) 都市から深山まで、よく見かけるコケのほとんどを網羅し、(2) 生育環境から葉の細部まで、コケの特徴がわかる写真が豊富にあり、(3) コケの初心者から上級者まで幅広く利用することができる、フィールド図鑑である。

企画内容を聞いたところ、不思議なことに、その内容は私が理想としていたものにピタリと一致した。そこに何かの縁を感じ、「よし、書いてみるか」と筆をとることにした。

とはいえ、執筆には一言ではいえない苦労があった。限られた時間の中で全国を駆け巡り、お目当てのコケを見つけて写真を撮る。それで終わりではない。群落や葉の形、スケールなど、異なる視点で撮った写真も、それらの解説も必要だ。これらすべてを一人でこなさければならない。

途中からは「ここであきらめたら、コケに申し訳ない」と根性論にすがりつつ、なんとか完成したのが本書である。紹介したコケは実に506種に上り、本文には私の専門であるコケの生態に関する話題などの小ネタを積極的に取り入れた。

実は「この本を出版することで、コケの乱獲を招くことはないだろうか」と不安が頭をよぎり、筆を置こうとしたときがあった。しかし、現段階でも、この問題は深刻になっている。ならば、「コケの魅力、重要性を伝えることで、コケを守ることはできないだろうか」と考え直し、本書が持つプラスの可能性にかけることにしたのだ。そんな思いが込められていることを心の片隅に置き、この本を手にとって頂けたら幸いである。

2019年4月　**大石善隆**

# 目次

コケの世界へようこそ 5　コケを観察しよう 14　コケを知ろう 18
用語解説 31　本書について 32　参考図書・論文 34

[図鑑本文]

**都市のコケ**
**〈セン類〉**
直立形 35
クッション形 38
匍匐形 40
**〈タイ類〉**
葉状体 41

**農村のコケ**
**〈セン類〉**
直立形 42
クッション形 48
匍匐形 52
**〈タイ類〉**
茎葉体（丸葉） 56
葉状体 59
**〈ツノゴケ類〉**
葉状体 67

**庭園のコケ**
**〈セン類〉**
直立形 69
クッション形 78
匍匐形 82
**〈タイ類〉**
茎葉体（丸葉） 86

**常緑樹林のコケ**
**〈セン類〉**
直立形 88
クッション形 92
ぶらさがり形 93
扇形 97
匍匐形 98
**〈タイ類〉**
茎葉体（丸葉） 110
茎葉体（裂葉） 120
葉状体 128

**落葉樹林のコケ**
**〈セン類〉**
直立形 130
クッション形 149
樹形 150
ぶらさがり形 153
扇形 154
匍匐形 160
**〈タイ類〉**
茎葉体（丸葉） 185
茎葉体（裂葉） 194
葉状体 202

◆針葉樹林のコケ

〈セン類〉

直立形……207

樹形……223

扇形……224

匍匐形……225

〈タイ類〉

茎葉体（丸葉）……239

茎葉体（裂葉）……243

葉状体……258

◆高山のコケ

〈セン類〉

直立形……259

クッション形……267

ぶらさがり形……270

匍匐形……271

〈タイ類〉

茎葉体（裂葉）……272

葉状体……274

◆湿原のコケ

〈セン類〉

直立形……275

コラム　17、87、287

索引　288

奥付　296


## コケの形（生育形）

〈セン類〉

❶直立形　立つ〜斜上する

❷クッション形　多くの個体が密集し、クッション状になる

❸樹形　茎の上部で枝を出し、木のような形になる

❹ぶらさがり形　木の枝などからぶらさがる

❺扇形　平たく横に広がり、扇子のような形になる

❻匍匐形　横に這う

〈タイ類〉

❼茎葉体（丸葉）　葉が裂けない〜ほとんど裂けない

❽茎葉体（裂葉）　葉が深く裂ける

❾葉状体　茎と葉の区別がない

## 生育地

◆都市　市街地から郊外に至る地域

◆農村　田畑の広がる地域。人里

◆庭園　日本庭園（苔庭）

◆常緑樹林　カシ林などが広がる温暖な地域。低山帯

◆落葉樹林　ブナ林などが広がるやや冷涼な地域。山地帯

◆針葉樹林　シラビソ林などが広がる冷涼な地域。亜高山帯

◆高山　高山の山頂などの寒冷な地域。高山帯

◆湿原　高層湿原（ミズゴケ湿原）

# コケの世界へようこそ

本書を持って、コケに出逢いに行こう。
しゃがんでみれば、そこにはいつもの目線では決して見えなかった
小さくとも美しいコケの世界が広がっている。

## ◆都市

コンクリートやアスファルトで被われ、
絶え間なく人の行き交う都市。
雑踏の中で、
コケはたくましく生きている

ブロックの隙間に生えるハマキゴケ。(長野県、11月)

## ◆農村

緑豊かな農村では草木が幅をきかせているが……
よく見るとその隙間にちょこんとコケが生えている。

水田の畔(あぜ)。雑草の間から顔を出したアゼゴケ。(長野県、11月)

## ◆庭園

わび・さびの風情あふれる日本庭園。
ここでは主役級の存在感を見せる。

庭石のまわりを飾るウマスギゴケ。
(京都府・南禅寺天授庵、6月)

ヒロハヒノキゴケなどによって被われた巨木。（鹿児島県、11月）

## 常緑樹林

年中葉をつけているシイ、
カシなどの木々が生い茂るうっそうとした常緑樹林。
暗い森の中で、コケがまばゆく輝いている。

落葉後の森の中。水辺のミズシダゴケが映える。（北海道、10月）

## ◆落葉樹林

ブナやカエデなどからなる落葉樹林では秋の紅葉が美しい。
深紅の紅葉と鮮緑のコケとの組み合わせは芸術的だ。

イワダレゴケなどが見渡す限りの一面を埋め尽くす。（山梨県、8月）

## 針葉樹林

冷涼な地域に発達するシラビソ、コメツガなどの針葉樹林。
どこまでもコケが広がる光景はまさにもののけの森。

# ◆高山

強い日射しや凍てつくような寒さにさらされる高山。
この厳しい環境にコケは巧みに適応し、健気に、ときに力強く暮らしている。

稜線上にところ狭しと生えたシモフリゴケ。（長野県、10月）

# 湿原

植物の生育に必要な栄養素に乏しい高層湿原はミズゴケ類の故郷。
優しい色合いのミズゴケが湿原を彩る。

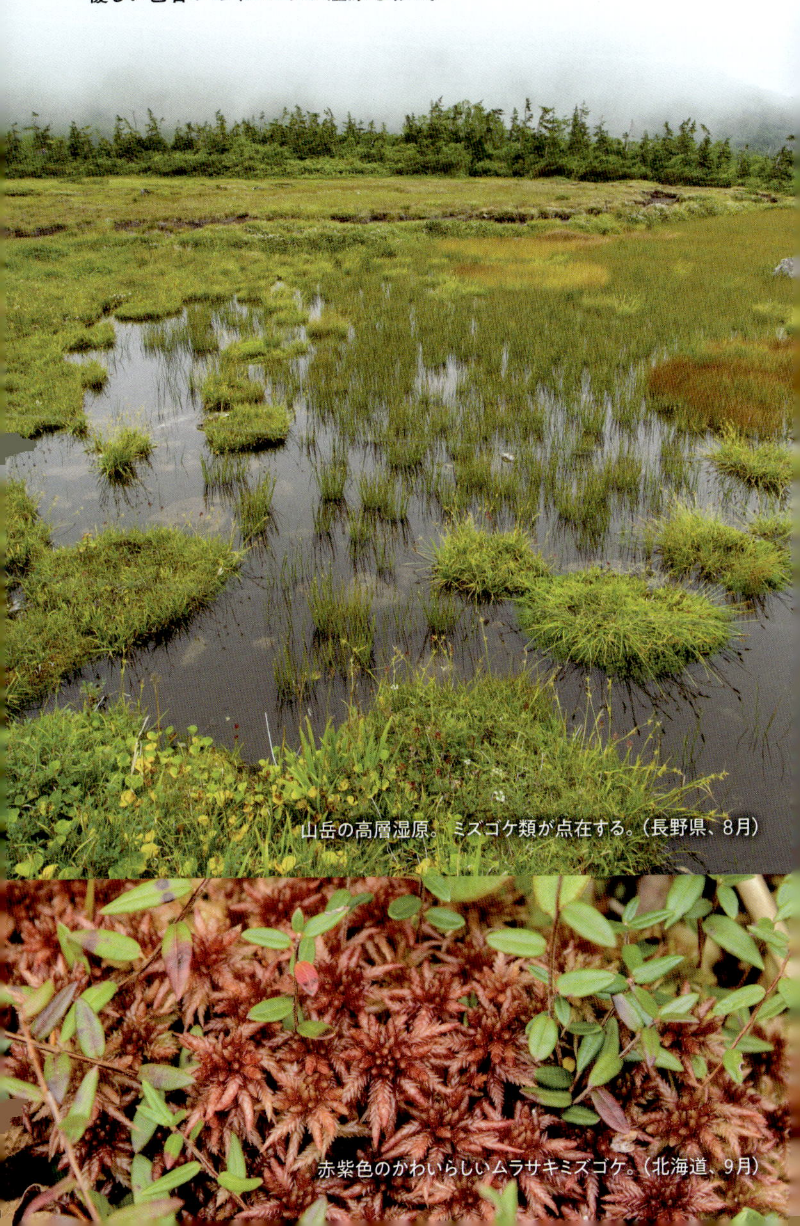

山岳の高層湿原。ミズゴケ類が点在する。（長野県、8月）

赤紫色のかわいらしいムラサキミズゴケ。（北海道、9月）

# コケを観察しよう

**遠くから見るとただの緑の塊に見えるコケ。でも、しゃがみ込んでみると、そこには美しいコケの世界が広がっていることに気がつく。**

## 観察には何が必要？

**いきなりすべてをそろえなくても、最初はルーペと霧吹きとノートがあれば十分。これだけでも、コケ観察がぐんと楽しくなる。**

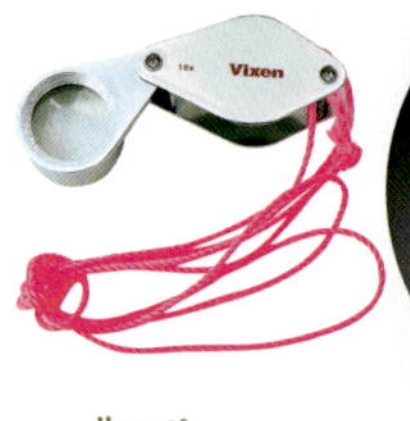

10倍でエゾスナゴケを見たところ。

**カメラ、三脚**

コンパクトカメラや携帯電話のカメラ機能でもよい。ルーペ越しの撮影もできる。

**ルーペ**

コケを観察するには10倍がおすすめ。5倍では拡大率が低く、20倍ではピントを合わせにくい。

**霧吹き**

乾いたときと湿ったときで変わるコケの姿も観察ポイントの一つ。旅行用の小さなものが使いやすい。

**へら**

コケをはがすのに使う。決して採りすぎないように注意すること。

**ピンセット**

コケを傷つけずに採取するときや、観察するときにあると便利。

**採取袋、標本袋**

写真は著者オリジナルのもの。茶封筒などでもよい。

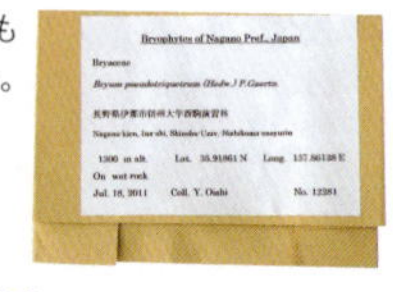

**ノート**

野外の観察には、耐水性のあるものがおすすめ。

**登山用GPS**

深山でコケを観察する際など、安全のために携帯したい。

**あると便利なもの**

コケ図鑑／筆記用具／定規／小型のナイフ／折りたたみ傘／肩掛けカバン／チャックつきビニール袋（採取用）／キッチンペーパー／マスキングテープなど。

**アドバイス**

すぐ取り出せるように、ルーペはストラップをつけて首からさげておくとよい。ストラップは目立つ色にしておくと、紛失した際にも見つけやすい。ケースなどに入れてオリジナルの観察キットを準備すると観察気分も高まる。

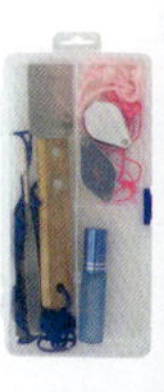

コケの観察①

# 見た目の美しさを楽しむ

コケの魅力はなんといっても、その美しさにある。「ルーペで見たい！」とはやる気持ちを抑え、まずはじっくりとコケの美しさを楽しもう。

それだけでなく、生育状況はどうか、どんな環境に生えているか、近くにほかの種はないかなど、コケの周りの情報をチェックすることも大切だ。

## コケの周りも見る

**コケを見つけたら、生えている状況や周りの環境にも目を配る。例えば、木に生えるコケは、幹の場所によって種類が異なることがわかる。ぐっとコケに顔を近づけてみると……いつもの目線では気がつかなかったコケの姿が見えてくる。**

木の幹（樹幹（じゅかん））

目線あたりの高さには、乾燥した環境を好む種が見られる。

根本（樹幹基部）

根本には、湿った環境を好む大型の種が多い。

## こんなところも観察してみよう

倒木

やや湿り気のある倒木は、コケにとって格好の生育場所。写真はシシゴケ。

アスファルト

カラカラに乾燥した道路脇だってコケは生えている。写真はギンゴケ。

石

ほかの植物が入ってこない石の上はコケの独壇場。写真はホンモンジゴケ。

水辺

湿った環境を好むコケは多い。写真はフロウソウ。

コケの観察②

# ルーペで小さな世界を楽しむ

次はいよいよルーペを使ってコケの細部を見てみる。すると、葉の形や縁の様子など、たくさんの情報を得ることができる。それだけではない。ルーペで見るコケはキラキラと透き通るように美しく、その精巧な体のつくりに感嘆させられてしまう。そのまま見て、ルーペで見て……コケの世界は二度楽しめるのだ。

## ルーペの使い方

### 目にルーペを固定する

ルーペを目にぐっと近づけて固定し、そのまま目を近づけたり離したりして、ピントを合わせる。

### ルーペだけを動かす

ルーペだけを動かしていると、ピントが合う距離を見つけにくい。

### ルーペでのぞくコケの世界

樹幹のコケ。コケの花（胞子体）をつけたカラフトキンモウゴケ。

## アドバイス ―― 観察上手になるコツ

### 霧吹きで湿らせる

乾燥していたら水をかけて、湿潤時の姿も観察しよう。

エゾスナゴケの乾燥時（左）と湿潤時（右）。水をかけてほんの数秒で葉が開く。

### ピンセットで観察、採取する

ピンセットで1個体をつまめば、群落を傷つけずに観察や採取ができる。

### 写真に撮る

生育環境や生えている様子を写真に記録しよう。三脚を使うとブレにくい。

### ノートに記録する

観察場所、日時、コケ名、スケッチ、生育環境、付近に生えていたコケなどを記録したコケノートをつくろう。採取したコケはマスキングテープで貼っておいてもいい。

### 標本をつくる

コケを採取袋に入れて持ち帰り、乾燥させて標本に保管すれば、いつでも観察できる。乾燥させたくないコケは、チャックつきのビニール袋などに入れて持ち帰る。

コラム

# コケ観察のマナー

最近のコケブームのせいもあって、各地でコケが減少している。人による踏みつけや、業者による乱獲、希少種については一部の愛好家による過度の採集によって、消失の危機にあるものさえある。以下のマナーを守って、コケ観察を楽しもう。

**(1) 周りのコケや草木を傷つけないにように配慮する**

お目当てのコケに気を取られ、足元のほかのコケや、周りの草木を踏みつけたり傷つけたりしないように気をつけよう。

**(2) コケを採取する場合は、最小限にとどめる**

コケを採取する場合は、群落への影響を小さくするように配慮し、最低限の量にすること。コケの群落にできた小さな穴から乾燥が始まり、群落全体が消えてしまうこともある。

**(3) 採取が可能な地域以外では採取しない**

私有地はもとより、自然公園、国有林などでは、法律で採取が固く禁じられている地域がある。特に原生林や高山、高層湿原では、全域にわたって採取が禁止されていると考えていい。

**(4) 自然のなかで楽しむ**

野山で美しいコケを見て、「家で育てたい」と思う気持ちはよくわかる。が、そのコケが美しいのは、自然の中にあるからだ。どんなに上手に育てたとしても、自然にあるコケの美しさにはかなわない。いつ訪れても美しいコケに出逢えるような自然環境を維持していくことが、コケに魅せられた私たちの使命ではないだろうか。

コケが不法に採取され、穴があいてしまったホソバオキナゴケなどのコケ地。
もとの美しいコケ地に戻るまで、何年かかるのだろうか。

# コケを知ろう

**そもそも「コケ」とは一体何者だろうか。ここではコケの特徴からその生活、体のつくり、本書で使われる用語を紹介する。**

## コケってどんな植物？

「コケって何？」と聞かれたら、どう答えるだろう？　「緑色をしていて、じめじめしたところが好き。岩の上にも生えている」。よく聞くこの解答は、実はなかなか上手にコケの特徴をつかんでいる。そこで、このイメージにちょっとだけ科学的な視点を加え、コケを説明してみよう。

コケは植物のグループの一つで、光合成をしてエネルギーを得ているが、藻（緑藻類）や草木とは大きく異なる体のつくりをしている。進化的な視点で見ると、植物の祖先はもともと水中で生活していたが、長い年月をかけ、一部の集団は「生まれて間もない乾燥に弱い個体を守る仕組み（胚）」を発達させ、水から離れて陸上で生活するようになった。この最初に陸上に上がった植物に相当するのがコケであり、水中で生活する藻との違いである。しかし、コケは木や草のように「大きくて生存能力が高い種子」をつくることができず、また、「根を通して土から水を吸い上げ、体全体に行き渡らせる仕組み（維管束）」もない。その代わり、コケは小さくとも数多くつくれる胞子で繁殖することで、生育に適した環境をいち早く見つけることができる。さらに、雨や霧などを葉の表面から直接吸収することで、土のない岩の上にも生えることができるのだ。

以上をまとめると、コケとは「胞子で繁殖し、維管束がない陸上植物」となる。

コケが生えたお地蔵さま。土がないところにも生えることができるコケ。ときにはこんな光景も。

# 三つのコケの特徴と体のつくり

**コケには「セン類」「タイ類」「ツノゴケ類」の三つのグループがある。
コケを学ぶ初めの一歩として、これらの特徴を理解しよう。**

## 【1】セン類（蘚類）

**特徴**

- **植物体は、茎と葉の区別がはっきりしている（茎葉体）。**
- **蒴柄は硬くて丈夫。胞子体は長く残る。**
- **蒴は帽に覆われ、蒴の先端には小さな糸状の歯（蒴歯）がある。**

サイズが大きいものが多く、日常見るコケのほとんどはセン類である。一般に、セン類は茎と葉の区別が明瞭（茎葉体）。胞子体は丈夫で、1年以上残ることもある。胞子は胞子体の先端のふくらみ（蒴）にあり、蒴の形はさまざま。未成熟の蒴は帽子のようなもの（帽）に覆われている。蒴が成熟すると帽が取れ、さらに蒴の先端の蓋が外れて糸のような歯（蒴歯）があらわれる。蒴歯は空気の乾湿に応じて開閉し、胞子の散布を調整する。

### 《直立性》

**茎は直立～斜上し、茎や枝の先端に胞子体（造卵器）をつける。**

### 《匍匐性》

**茎は這い、茎や枝の途中に胞子体（造卵器）をつける。**

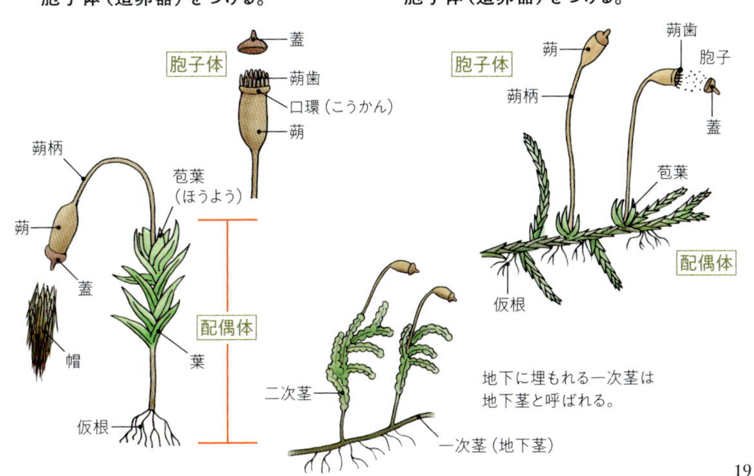

## 【2】タイ類（苔類）

**特徴**

- 植物体は茎葉体、もしくは茎と葉の区別が不明瞭（葉状体）。
- 蒴柄は柔らかく、胞子体は長くは残らない。
- 帽や蒴歯がなく、蒴は球形〜円筒形。中にバネ状の糸（弾糸）がある。

タイ類というとゼニゴケのようなもの（葉状体）をイメージするが、実は茎葉体のほうが種数もはるかに多い。ただ、茎葉体のタイ類は小型で目立たないせいか、印象が薄いようだ。タイ類の蒴柄は柔らかく、一般に胞子体の寿命は短く、胞子を放出した後、すぐに消えてしまう。帽がなく、蒴は球形〜円筒形。蒴は縦に四つに裂けることで胞子を散布する。蒴の中にはバネのような構造の弾糸があり、この弾糸が乾湿で伸び縮みして胞子をはじき飛ばしている。

### 《茎葉体》

**茎と葉の区別がある種。**
**セン類と比べると茎葉体のタイ類は小さく華奢なものが多い。**
**基物に面する側を「腹側」、反対側を「背側」と呼び、腹側には「腹葉」がある。**
**生殖器官や未成熟の胞子体は苞葉や「花被」によって保護されている。**

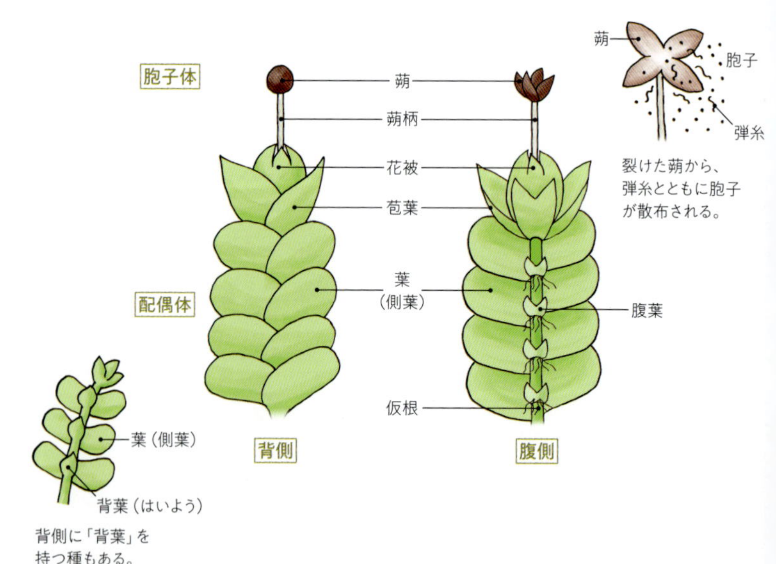

### 《葉状体》

**茎と葉の区別がない種。体のつくりは茎葉体と大きく異なる。日本産約600種のタイ類のうち、葉状体はわずか100種程度だ。花のような部分（雌器床・雄器床）には生殖器官がある。**

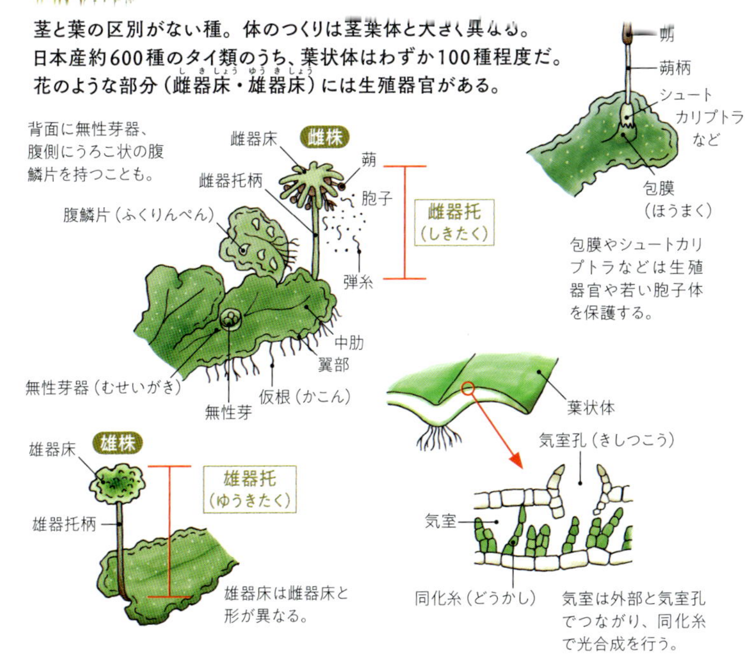


## 【3】ツノゴケ類

特徴

- **植物体はすべて葉状体。**
- **蒴柄はなく、胞子体は長く残る。**
- **帽や蒴歯がなく、蒴は爪楊枝のような形で、中に弾糸がある。**

すべて葉状体で、胞子体がないときはゼニゴケ類のよう。日本には約20種が分布し、セン類・タイ類と比べてやや知名度に劣る。構造は独特で、爪楊枝のような形の蒴を持ち、帽や蒴歯だけでなく蒴柄もない。この蒴が上部から縦に二つに裂けることで胞子が散布される。蒴の中には弾糸があり、胞子の散布に一役買っている。

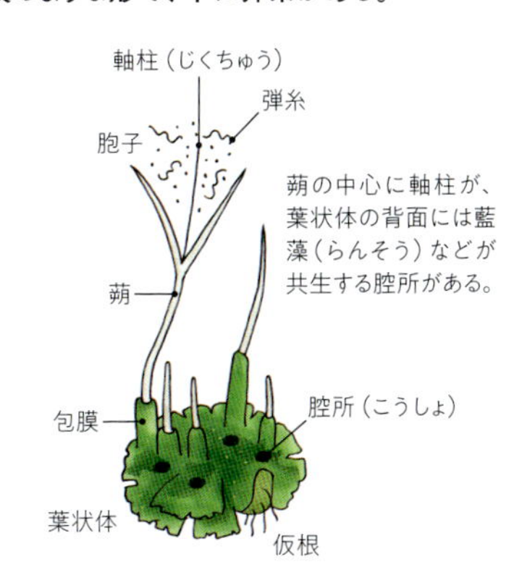

# コケの一生（生活史）

普段目にする緑色のコケは「配偶体」という。配偶者が夫や妻を示すように、配偶体には雄（雄株）と雌（雌株）がある（「雌雄異株」の場合）。なお、雄株の精子をつくる器官を造精器、雌株の卵細胞をつくる器官を造卵器という。

雨などを利用して精子は水中を泳いで卵細胞に到達し、受精が行われる。卵細胞は受精卵となり、雌株に守られつつ、胞子を作るための「胞子体」へと生長する。この胞子体が成熟すると、蒴から胞子が散布される。

胞子が発芽すると、まず、糸のような構造（原糸体）ができる。やがて原糸体の一部から芽が出て、この芽が配偶体へと生長していく。同時に原糸体は消え、新しいサイクルが始まる。

## 《雌雄異株》

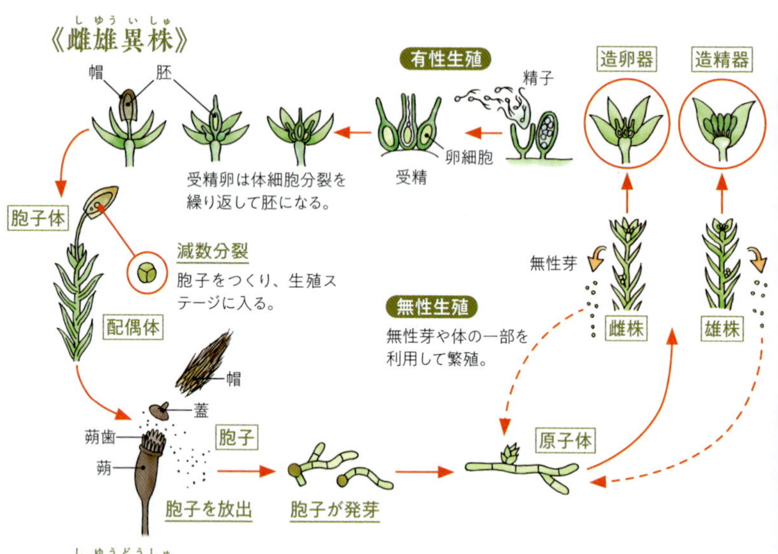


## 《雌雄同株》

一つの株に造精器と造卵器をつけ、雌雄の区別がないタイプ。造精器・造卵器が同所にある場合（同苞）と、そうでない場合（異苞）がある。受精の機会が多いため、胞子体をつけやすい。

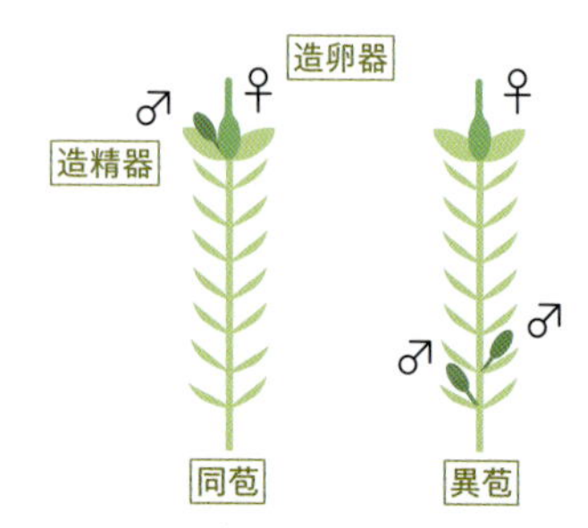

# 部位のつくりと名称

次はコケの体のつくりを学ぼう。ここで紹介する用語は
図鑑本文にも出てくるので、しっかり理解しておきたい。

## 《セン類》

大きく、体も丈夫な種が多いので、ルーペで細部が観察しやすい。
配偶体の特徴で見分けられる種がほとんどだが、
中には胞子体がポイントになる場合もある。

### 葉

中央に「中肋（ちゅうろく）」、「葉縁（ようえん）」にギザギザの「歯」があることが多い。
葉の広がった部分を「葉身（ようしん）」、乾湿に関係なく茎に密着する部分を「葉鞘（ようしょう）」と呼ぶ。
「基部（きぶ）」と「翼部（よくぶ）」はp28を参照。

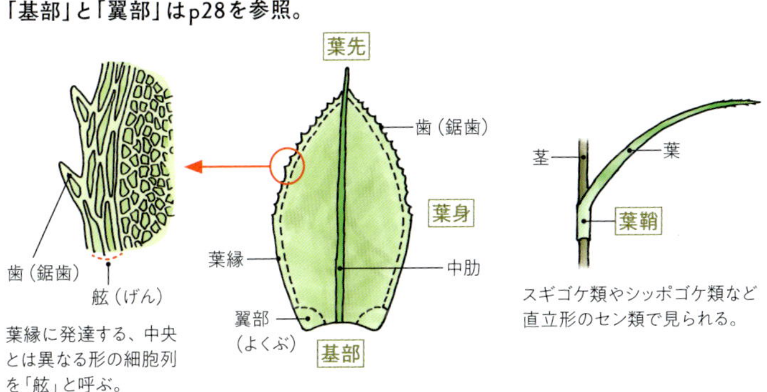


葉縁に発達する、中央とは異なる形の細胞列を「舷」と呼ぶ。

スギゴケ類やシッポゴケ類など直立形のセン類で見られる。

### 茎・枝

主な茎から分かれてできた細い茎を「枝」と呼ぶ。鳥の羽根のように、左右に規則的に1回枝を出すことを1回羽状（うじょう）という。2、3回羽状することもある。

### 蒴

蒴は、先端の胞子が入っているふくらみの「壺（つぼ）」と、蒴柄から壺にいたるまでのやや小さなふくらみ「頸部（けいぶ）」からなる。また、蒴が「苞葉（ほうよう）」（胞子体の周りの葉）に埋もれている状態を「沈生（ちんせい）する」という。

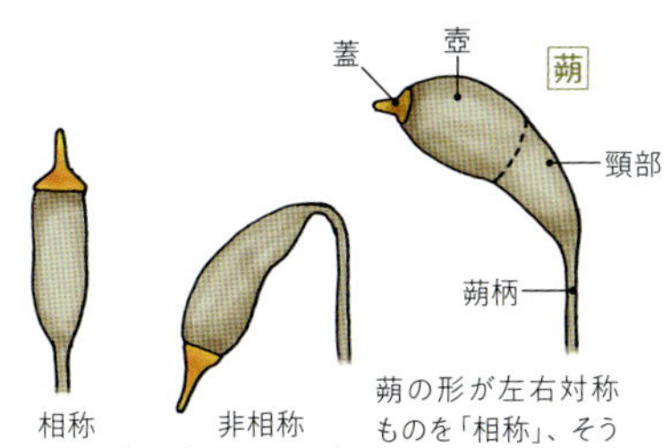


蒴の形が左右対称ものを「相称」、そうでないものを「非相称」と呼ぶ。

## ホウオウゴケ類の葉

ほかのコケと異なり、ホウオウゴケ類の葉は左右2列に規則正しく並び、基部の一部は2枚に分かれてアヤメのように茎を抱く。2枚に分かれたところを「腹翼（ふくよく）」、その上の部分の葉を「上翼（じょうよく）」と呼ぶ。一方、中肋をはさんで反対側（背側）は「背翼（はいよく）」と呼ばれる。なお、セン類の葉では茎に向いている方を腹側、反対側を背側という。

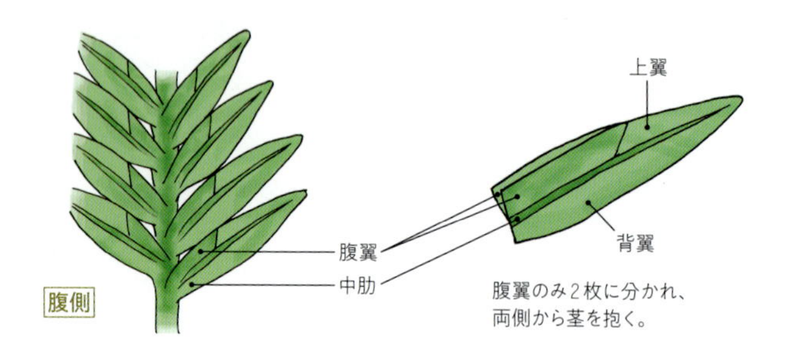


腹翼のみ2枚に分かれ、両側から茎を抱く。

## ミズゴケ類のつくり

横に出る枝（開出枝（かいしゅつし））と茎から垂直に垂れる枝（下垂枝（かすいし））を持つ。葉には表面に小さな穴（孔（こう））があって大量の水を吸収できる細胞（透明細胞）を持つ。蒴柄がなく、蒴柄に見えるものは「偽足（ぎそく）」と呼ばれ、配偶体の一部からなる。

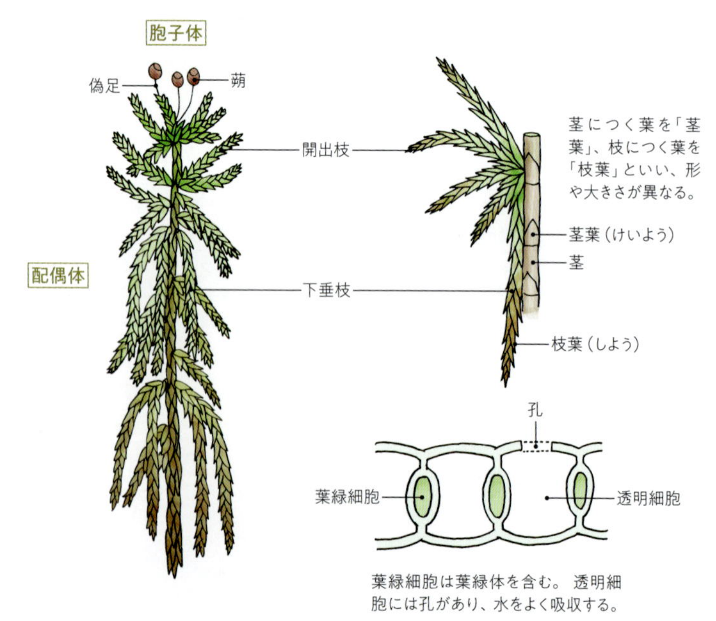


茎につく葉を「茎葉」、枝につく葉を「枝葉」といい、形や大きさが異なる。

葉緑細胞は葉緑体を含む。透明細胞には孔があり、水をよく吸収する。

## 《タイ類》

一般に茎葉体の葉は茎に3列につき、茎の側面につく2列の葉を「側葉」（単に「葉」と呼ぶ）、腹側につく1列の葉を「腹葉」という（p20）。

### 葉の形

タイ類には葉が深く裂ける種が多く、3～4裂することもしばしば。
裂けてできる細かい部分を「裂片」、裂けていない基部を「葉掌部」という。

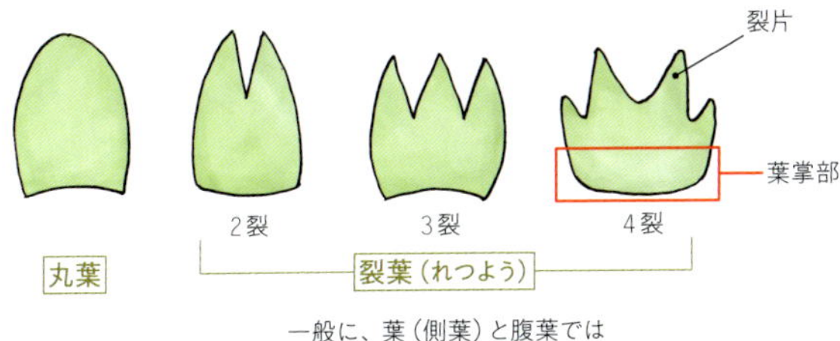


一般に、葉（側葉）と腹葉では
葉の裂け方が異なる。

### 背片、腹片

葉（側葉）が2裂して重なる場合、背側に近いものを「背片」、
腹側に近いものを「腹片」といい、葉の折れ目を「キール」と呼ぶ。
腹片は袋状などの形になることもある（p29）。

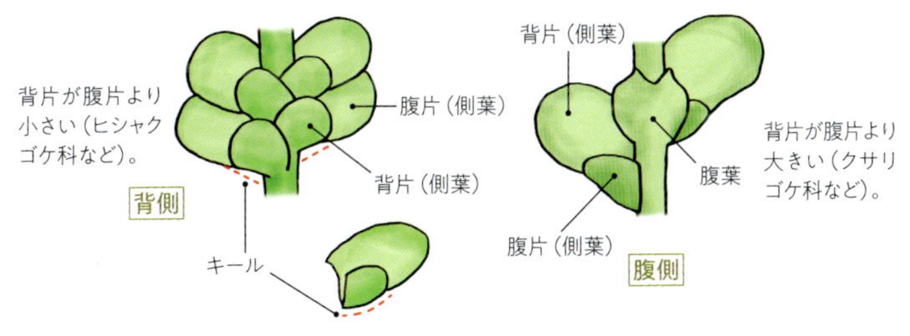


### 葉縁

背側から続く葉縁を「背縁」、腹側から続く葉縁を「腹縁」、
腹葉の上部を「上縁」、葉や腹葉の横の部分を側縁と呼ぶ。
葉縁の反り返りや歯（p27）、基部の状態（p28）をチェックしよう。

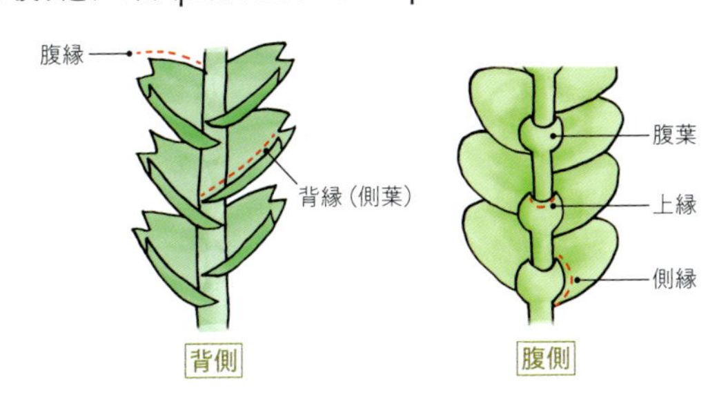

# コケを見分けるポイント

ここでは、野外でコケを見分ける際に重要なポイントになる葉の特徴を解説する。
多くの場合、ルーペを利用して観察する必要があるが、
葉縁の形などはその小ささから、顕微鏡を使わないと区別できないこともある。
まずはざっくりと「この仲間かな?」ととらえることが大切。

## 《セン類・タイ類》

コケの特徴は、葉の形や構造、茎へのつき方にあらわれやすい。
ただ、コケ全体の雰囲気をつかむことも重要。いろいろな視点でコケを見よう。

### 葉の形

もっと細かく区分されることもあるが(卵状披針形など)、
本書では分かりやすさを重視して簡略化している。
茎につく葉(茎葉)と枝につく葉(枝葉)では形が異なることが多いので注意。

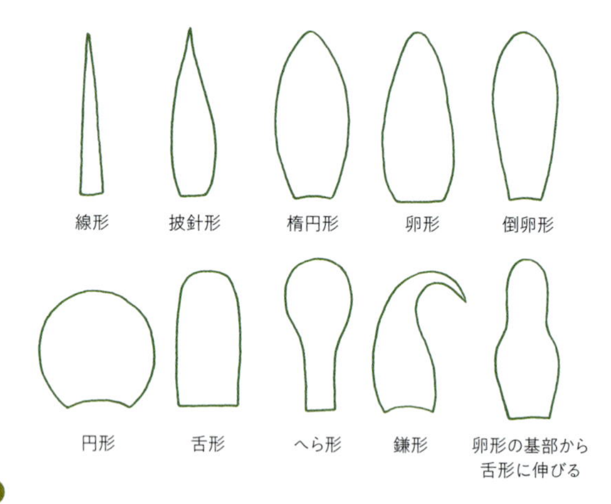


### 中肋

中肋は0～2本。長さは種によってさまざま。茎葉体タイ類には中肋はない。
なお、図鑑の写真では倍率の関係で、細い中肋や短い中肋が不明瞭なこともある。

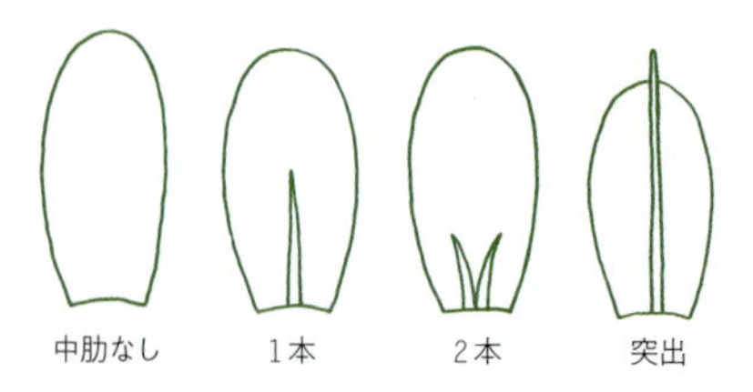

## 葉先

「葉先は急に細くなり、鋭頭」など、組み合わせて表現することもある。
また、葉先に向かって葉がだんだんと細くなっていくことを「漸尖（ぜんせん）」という。

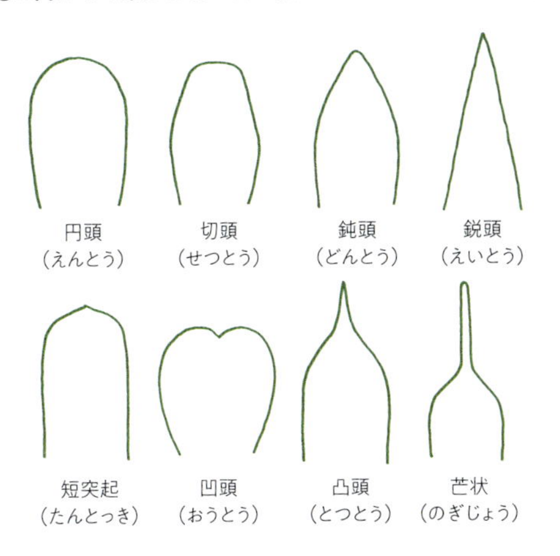


## 葉縁

葉の縁のギザギザを歯と呼び、歯がないものを「全縁（ぜんえん）」という。歯がある場合、ノコギリ状（鋸歯（きょし））、先が丸い（円鋸歯（えんきょし））、長い毛状（長毛）などのタイプがある。

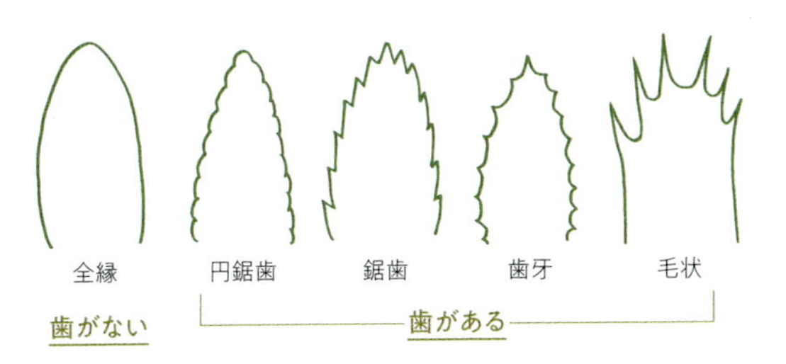


## 葉の断面

葉縁が巻く種（外曲（がいきょく）、内曲（ないきょく））や、葉断面が強くまたは弱くV字になる種がある（偏向（へんこう）、竜骨状（りゅうこつ））。葉面に板状の細胞列があることも（薄板（はくばん））。

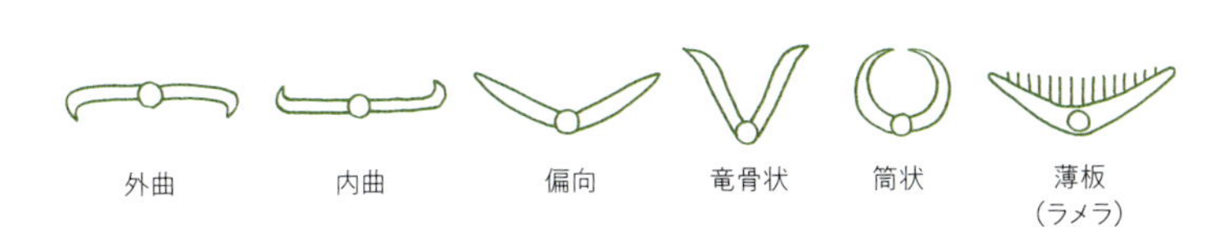

## 葉のつき方

**乾くと葉がうろこ状についたり、湿って反り返ったりする。葉のつき方で形状が変わる。**

うろこ状
うろこのように密に重なる。

反り返る
弧状に反り返る。

開出
横に広く展開する。

丸くつく
葉が多列について紐状になる。

扁平につく
葉が2列または4列につき平たくなる。

## 葉の基部

**一部の科や属では、葉のつけ根（基部）の形は見分けの重要なポイント。浅く湾入したり、耳状になったり、長く伸びたりする。**

基部が茎まで長く伸びる。

下延（かえん）

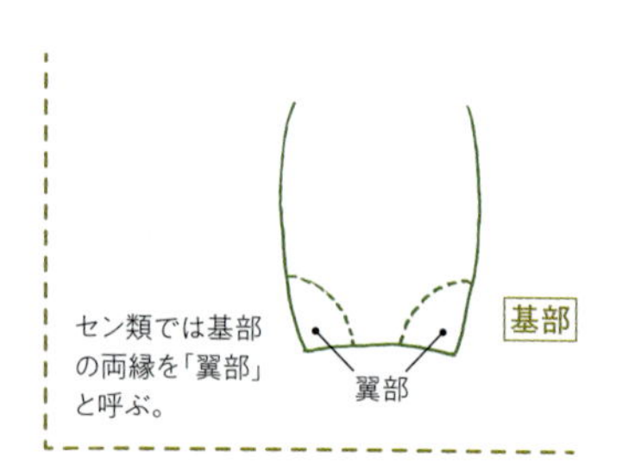


基部が浅く凹む。

心臓形

翼部が耳状に膨らむ。

耳状

## 《タイ類》

葉の特徴（形など）に加え、タイ類では、葉（側葉）の並び方や上下関係、腹片の形なども重要な見分けポイントになる。

### 葉のつき方

葉の左右の位置（対生、互生）、前後の距離（接在など）や重なり（瓦状、倒瓦状）、茎へのつき方（横につく、縦につく）、腹葉とのつながりなどに注目。

互生
葉が左右互い違いにつく。

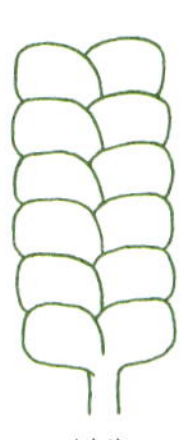

対生
葉が左右に並んでつく。

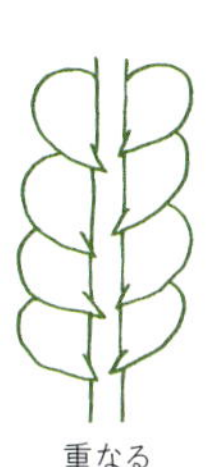

重なる
前後の葉が重なる。

接する（接在）
前後の葉が接する。

離れる（離在）
前後の葉が離れる。

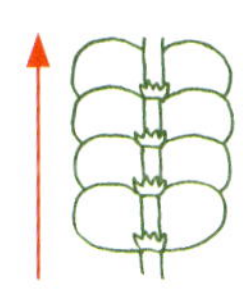

瓦状
腹側から見て、茎先に向かって葉が瓦状に重なる。

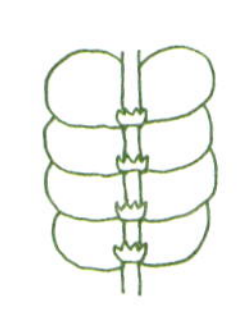

倒瓦状
腹側から見て、茎先に向かって瓦状と逆に葉が重なる。

横につく
葉が茎にほぼ垂直につく。

縦につく
葉が茎にほぼ平行につく。

癒合（ゆごう）
側葉と腹葉がつながる。

### 腹片の形

ポケット状になるものから、舌形になるもの、小さな袋状（ヘルメット形、ベル形）になるものなど。袋状は先の尖り具合（嘴状）に差がある。

ポケット状
小さなポケットのような形。

舌形
ポケットに近いがより縦長。

ヘルメット形
左右非対称の袋状。

ベル形
ほぼ左右対称の袋状。

### 花被の形

角柱、円錐形、倒卵形、扁平などいろいろな形がある。
種によってはひだ（稜(りょう)）や先端に突起があることも（嘴(くちばし)状）。
花被の周りの葉は苞葉と呼ばれ、通常の葉と形が異なることも多い。

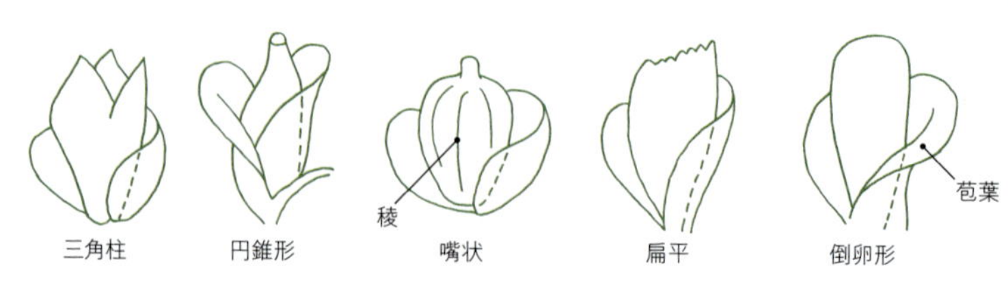


## 《細胞》

葉の細胞の大きさや形などもコケを見分けるためには必要な情報だ。
本書ではルーペでかろうじて確認できる表面の突起の有無、
細胞層の厚さのみ利用する。

### 葉の表面と断面

葉細胞の表面に小さな突起を持つことがあり、これを「パピラ」と呼ぶ。
パピラは数も大きさもさまざまで、種を見分けるポイントの一つ。

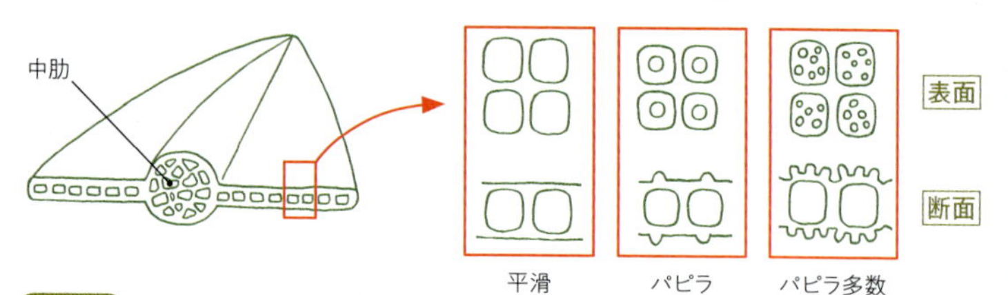


### 細胞層

葉や葉状体の縁では、
細胞層の厚さが周囲と異なることがある。
細胞層が厚い部分では暗く、
薄いところでは明るく見える。

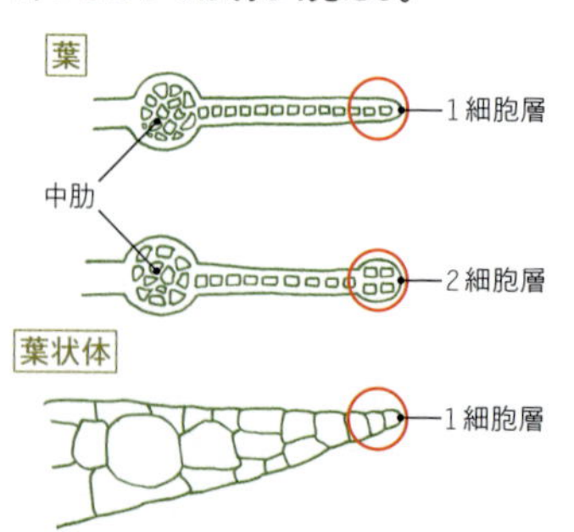


### 油体(ゆたい)

タイ類の細胞にある油滴状のもの。
特に茎葉体のタイ類では、
形や数は種の特徴になる。

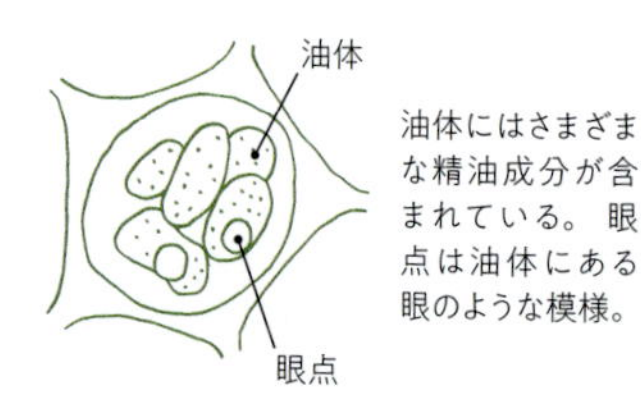


油体にはさまざまな精油成分が含まれている。眼点は油体にある眼のような模様。

# 用語解説

※用語の意味は、コケに特化しているものもあります。

【あ】

**亜種**（あしゅ）：種として区分するほどではないが、微妙に異なる特徴を持ち、地域差や生態の違いなどが認められるもの。亜種と似た概念に変種がある。

**一年生**（いちねんせい）：発芽して生長し、繁殖して枯死するサイクルを1年以内に完了させるコケ植物。

**凹面状**（おうめんじょう）：葉の中央がなだらかにくぼんだ状態。茎葉体タイ類に多い。

【か】

**カリプトラ**：造卵器の一部が発達してできた袋状のもの。胞子体を保護する。セン類では帽とも呼ばれる。

**帰化種**（きかしゅ）：人為的に国外から入り、野外で勝手に生育するようになった種。

**基物**（きぶつ）：コケが生えている土台。土、岩、樹幹（木の幹）など。

**基本種**（きほんしゅ）：亜種や変種を判断する際の基本となる種。

**近縁種**（きんえんしゅ）：類縁関係の近い種。本書では基本的に同属で、形態などが似ている種をさす。

**群落**（ぐんらく）：一般的には「同一場所でまとまって生活している複数の植物種の集まり」を意味する。本書では主に「複数の個体（同一種）からなるコケの集まり」をさす。

**巻縮**（けんしゅく）：乾燥時に巻き縮れること。

**腔所**（こうしょ）：コケの表面にある小さな空間。藍藻が共生することも。

**高標高域**（こうひょうこういき）：標高が高いところ。本州中部では標高2000m以上が目安。

**コケ地**（こけち）：一面コケが生えた場所。庭園用語。

【さ】

**シュートカリプトラ**：造卵器の一部がその周辺の組織とともにつくったカリプトラ。葉状体タイ類では、包膜とカリプトラ／シュートカリプトラとの間に偽花被（若い胞子体を保護する袋状のもの）を持つことも多い。

**植物体**（しょくぶつたい）：コケ植物の本体。

**双歯**（そうし）：双生している歯のこと。

**相称**（そうしょう）：左右対称。蒴の形を表す。

**双生**（そうせい）：歯が対になっていること。

**属**（ぞく）：類縁関係の近い種をグループ化したもの。属をグループ化したものが科（か）。

【た】

**単生**（たんせい）：歯が対になっていないこと。

**着生種**（ちゃくせいしゅ）：木の幹や岩に着生するコケ植物。

**長歯**（ちょうし）：葉縁にある長くて目立つ歯。

【は】

**非相称**（ひそうしょう）：左右非対称。蒴の形を表す。

**付属物**（ふぞくぶつ）：一部のコケの葉や、葉状体タイ類の腹鱗片の縁にある小さな飾り。

**鞭枝**（べんし）：鞭のように細く長く伸びる枝。無性生殖や基物へ付着する際に利用される。

【ま】

**無性芽**（むせいが）：植物本体から離れ、新しい個体になることができる体の一部分。

【や】

**葉腋**（ようえき）：葉のつけ根のすぐ上の茎や枝の部分。

**葉長**（ようちょう）：葉の長さ。一番長い部分をさす。

【ら】

**藍藻**（らんそう）：光合成をする細菌の仲間。大気中の窒素を栄養素として吸収する能力（窒素固定）を持つ種がある。窒素固定を行う一部の藍藻は、大気から取り入れた窒素をコケに供給する一方、コケは藍藻に生活場所などを提供し、共生関係が成立している。

**ロゼット状**（ろぜっとじょう）：バラの花びらのように、葉を平らに広げた状態。

【わ】

**矮雄**（わいゆう）：極端に雌より小さい雄。シッポゴケ類に多く見られる。

**和名**（わめい）：日本語の名前。種類によっては複数の和名を持つ。最も広く使用されている和名以外は「別名」とされる。

# 本書について

本書では、都市から農村、湿原、山地から高山に至るまで、国内のあらゆる環境から代表的なコケ植物506種を選び、紹介しました（写真紹介は279種）。コケの特徴がわかる写真を掲載するとともに、似ている種との比較やイラストを利用しながら、見分けるポイントを解説してあります。さらに、おもしろい生態や名前の由来などの関連情報も加え、いろいろな視点からコケの魅力を楽しめるようになっています。

### 写真

コケの特徴をわかりやすく紹介するため、遠くから見た「群落」、近づいて見た「個体」、ルーペで見た「部位」、実際のコケの大きさがわかる「スケール」の4タイプの写真を掲載しました。ただし、同一の場所、個体の写真というわけではありません。

### 解説文、一口メモ

コケの特徴や似ている種との違いを解説しました。解説文のみで紹介した近縁種やよく似たコケには下線を引きました。解説文に入らなかった内容や豆知識は、一口メモで補っています。

### 生育環境、色

コケの好む光環境、水環境をそれぞれ3段階で示しました。また、湿潤時と乾燥時のコケの色についても6タイプに区分しました。

**［日照］**

- 明るい　日なた。畑地など
- 中間　半日陰。木陰など
- 暗い　日陰。森の中など

**［色］**

- 白　白緑色〜淡緑色
- 黄　黄色〜黄緑色
- 緑　明るい緑色〜暗緑色
- 赤　赤色〜赤紫色
- 茶　茶褐色〜淡褐色
- 黒　黒緑色〜黒色

**［湿度］**

- 湿潤　常に湿り気がある。湿地や渓流沿いなど
- 中間　乾燥しにくい〜やや湿り気があ草原や森の中など
- 乾燥　乾燥しやすい。明るい岩の上など

---

●セン類　シノブゴケ科

## チャボスズゴケ〔矮鶏鈴蘚〕

匍匐形

*Boulaya mittenii*　ブーレア ミッテニー　㊢

Ⓐ

規則正しく枝を出す形が特徴。寒冷地に多い。（北海道、9月）

落葉樹林　樹幹

Ⓑ

5cm

植物体は緑色〜緑褐色で茎は長く這い、規則正しく羽状に分枝して斜上するⒶ。茎葉は広い卵形の下部から急に細くなって尖りⒷ、葉身には縦ジワが発達。中肋は1本で葉先近くに達する。一方、枝葉は茎葉と形が異なり、卵形で鋭頭。中肋は明瞭で葉先近くに達する。茎には毛葉があり、蒴は卵形で直立。近縁種のバンダイゴケは本種のように規則的に分枝せず、茎葉の先は針状には伸びない。

日照：暗い　色：湿 緑／乾 緑　湿度：中間

分布　北海道〜九州　極東ロシア、朝鮮、中国

18　学名はフランス人の生物学者Jean-Nicolas Boulay（1837-1905）にちなむ。

## コケの分類群、名前

コケの分類群（セン類、タイ類、ツノゴケ類）、科名、和名（漢字）、学名とその読み方を示しました。学名とは世界共通の名前のことで、ラテン語で書かれています。読み方は、植物全般に広く用いられているルールに準拠しました。

## 生育形、雌雄性

コケの形を8タイプに区分しました（p4）。コケの名前を調べるときの手がかりになります。雌雄性についても、雌雄異株／同株の二つに分類しました。

●タイ類　ヤスデゴケ科

# アカヤスデゴケ〔赤馬陸苔〕

茎葉体（丸葉）

*Frullania davurica*　フルラニア ダウリカ　㊮

樹幹にて。ヤスデゴケ類の中でも大きく目につきやすい。（福井県、3月）

大型で赤褐色を帯びる。ヤスデゴケ属のコケは、葉の腹片が袋をつくることが特徴。本種の袋状の腹片はほぼ円形のヘルメット形で小さく、腹葉にほぼ隠れる。また、ヤスデゴケの仲間は腹葉が2裂する種が多いが、本種の腹葉は円形で2裂しないⒶ。花被は3稜。近縁種のウサミヤスデゴケの腹葉は先端がわずかに凹むだけで明瞭に2裂せず、腹片は腹葉に覆い隠されない。

分布　北海道〜九州
東アジア

ヤスデゴケの仲間は赤褐色を帯びる種が多く、形もヤスデのような雰囲気がある。　185

## 生育地

紹介するコケが最もよく見られる生育地を8タイプに区分して示しました（p4）。複数の生育地にまたがって分布する場合も多くあるので、調べたいコケの生育地の前後もあわせて参照するとよいでしょう。

## 基物

コケの生える土台となるもの。本書では、一般によく見られる基物のみを示しました。

- ◆岩　石や岩、石垣、コンクリート
- ◆樹幹　木の幹や枝。一部で葉の上も含む
- ◆倒木　倒れて分解が進んだ木。根株など
- ◆土　腐葉土から砂地にいたる土全般
- ◆水中　水の中

## 分布

日本国内における分布を上段に、世界における分布を下段に紹介しました。

**コケの掲載順について**　まず生育形ごとに並べ、次に原則として、学名の科、属、種小名のアルファベット順に並べました。

**科名について**　セン類はGoffinetほか（2009）に、タイ類・ツノゴケ類については片桐・古木（2018）に従いました。

**学名・和名について**　セン類はIwatsuki（2004）に、タイ類・ツノゴケ類については片桐・古木（2018）に基づきました。ただ、一部では新たな知見も取り入れてあります。

**漢字名について**　既存の資料を参考にするとともに、一部では和名・学名の意味を考慮して漢字を割り当てました。

**学名読み方について**　学名の読み方は恣意的にならないよう、ギリシア・ラテン語起源のものは原則として『ラテン語の実際的なカナ文字化（案）』（植物分類学会 1953）に準拠し、一部の仮名遣いについては大場秀章（2009）、塚本洋太郎（1994）を参考にしました。また、固有名詞起源のもの（人名・地名など）は可能な限り本来の発音に沿うようにしました。例）Hedwigia→ヘートヴィヒア（p49）　※ドイツの蘚苔類学者ヨハン・ヘートヴィヒ（Johann Hedwig）に由来。


**◆主な参考図書**

秋山弘之編『コケの手帳』（研成社）、秋山弘之『苔の話』（中公新書）、井上浩『こけ—その特徴と見分け方』（北隆館）、井上浩『コケ類の世界』（出光書店）、井上浩『日本産苔類図鑑／続・日本産苔類図鑑』（築地書館）、岩月善之助・出口博則・古木達郎著、岩月善之助編『日本の野生植物 コケ』（平凡社）、岩月善之助・水谷正美著、服部新佐監修『原色日本蘚苔類図鑑』（保育社）、大石善隆『苔三昧』（岩波書店）、大場秀章編『植物分類表』（アボック社）、北川尚史、しだとこけ談話会編『コケの生物学』（研成社）、このは編集部『新訂版コケに誘われコケ入門』（文一総合出版）、佐竹研一『銅ゴケの不思議』（イセブ）、高木典雄・生出智哉・吉田文雄監修『コケの世界 箱根美術館のコケ庭』（エム・オー・エー美術・文化財団）、塚本洋太郎『園芸植物大辞典（コンパクト版）』（小学館）、豊国秀夫編『植物学ラテン語辞典』（至文堂）、中村俊彦・古木達郎・原田浩『校庭のコケ』（全国農村教育協会）、樋口正信『北八ヶ岳コケ図鑑』（北八ヶ岳苔の会）、樋口正信『コケのふしぎ』（SBクリエイティブ）、藤井久子著、秋山弘之監修『コケ図鑑』（家の光協会）、Goffinet, B., Buck, WR., Shaw, A. *Morphology, anatomy, and classification of the Bryophyta/ In: Bryophyte Biology. Second edition*（Cambridge University, Press）、Iwatsuki, Z. *New catalog of the mosses of Japan*（Hattori Botanical Laboratory）、Noguchi, A. *Illustrated Moss Flora of Japan part 1-5*（Hattori Botanical Laboratory）

**◆参考論文など**

秋山弘之（2006）『蘚苔類研究』8: 88-91／大石善隆ほか（2008）『日本緑化工学会誌』34: 81-84／片桐知之・古木達郎（2018）*Hattoria* 9: 53-102／白崎仁（1995）『植物地理・分類研究』42: 157-164／滝田謙譲（1999）*Miyabea* 4: 1-84／富永孝昭・古木達郎（2014）『蘚苔類研究』11: 53-62／富永孝昭・古木達郎（2014）『蘚苔類研究』11: 99-100／中坪孝之（1997）『日本生態学会誌』47: 43-54／日本植物分類学会（1953）『日本植物分類學會會報』3: 1-3／樋口正信・古木達郎（2018）『国立科博専報』52: 39-64／守田益宗（1985）『東北地理』37: 166-172／Bates, J.W.（1998）*Oikos* 82: 223-237／Chapin, F.S.III, et al.（1987）*Oecologia* 74: 310-315／David, Y.P.T., et al.（2009）*Bryologist* 112: 506-519／Dickson, J.H., et al.（2009）*Veg Hist Archaeobot* 18: 13-22／During, H. J.（1979）*Lindbergia* 5: 2-18／Miwa, H., et al.（2004）*Acta Phytotax Geobot* 55: 9-18／Moor, P.D.（2002）*Environ Conserv* 29: 3-20／Nakamura, T.（1992）*Ecol Res* 7: 155-162／Oishi, Y.（2018）*Forests* 9: 433／Oishi, Y.（2019）*Landsc Ecol Eng*: 10.1007/s11355-018-0354-1／Oishi, Y.（2019）*Landsc Ecol Eng*: 10.1007/s11355-018-0356-z／Oishi, Y. & Hiura, T.（2017）*Landscape Urban Plan* 167: 348-355／Schofield, W. B.（1981）*Bryologist* 84: 149-165／Snäll, T., et al.（2004）*Ecography* 27: 757-766／Sukkharak, P.（2017）*Phytotaxa* 309: 291-216／Tao, Y. & Zhang, Y.M.（2012）*J Plant Res* 125: 351-360／Turunen, J., et al.（2001）*Global Biogeochemical Cy* 15: 285-296

# カタハマキゴケ［片葉巻蘚］

*Hyophila involuta*　ヒオフィラ インウォルタ　異

道路脇のコンクリート壁に群生。壁一面を被うことも。(鹿児島県、10月)

コンクリートや岩の上に生える。湿潤時は明るい緑色をしているが、乾燥するとやや茶色がかる。葉は広い楕円形〜舌形Ⓐで、葉の上部にはまばらに歯がある。特徴は(1)乾くと葉の縁から巻き、筒状になって巻縮するⒷ、(2)金平糖のような無性芽をつけるⒸこと。近縁種のハマキゴケは洋梨形の無性芽を持ち、葉縁は全縁。カタハマキゴケは関西地方より西、ハマキゴケは東でよく見られる。

日照　色　湿度

中間　緑　茶　乾燥

分布　本州〜琉球
アジア、欧州、北・南米、オセアニア

「ハマキゴケ」の名は乾燥したときに葉が両縁から巻き込むことから。

# ヘラハネジレゴケ〔篦葉捻蘚〕

*Tortula muralis*　トルトゥラ ムラリス　同

大学構内のコンクリート壁面。人家周辺によく生える。（福井県、7月）

都市の環境に適応し、都市部でよく見られるアーバン・モス（urban moss）。市街地の日当たりのよいコンクリートや石垣の上に生育。茎は短く長さ5㎜以下と小さいが、雌雄同株で赤褐色の胞子体をよくつけて見つけやすい。蒴は円筒形 A。葉は長い楕円形〜舌形で、葉先はやや凹頭、全縁。長い透明尖を持つ B。乾くと透明尖が目立ち、群落全体がやや白みがかることもしばしば。

日照  明るい

色  緑　黒-白



湿度  乾燥

分布　本州〜九州　世界各地



「ヘラハ」はへらのような形の葉、「ネジレ」は乾くと蒴歯がねじれることから。

# コモチネジレゴケ〔子持捻蘚〕

*Tortula pagorum*　トルトゥラ パゴルム　異

コモチネジレゴケ(中央)の周囲にサヤゴケとコゴメゴケが混生。(京都府、3月)

都市の樹幹に生え、ほかのコケ群落に混生していることが多い。葉は乾いているときは巻縮しているが、湿るとロゼット状に広がるA。葉は広いへら形で全縁。葉の先に透明尖を持つB。葉腋や葉の先端に小さな葉のような形をした無性芽を大量につけるC。なお、本種は帰化種で、もともとの生育地はオーストラリアであると考えられている。日本ではもっぱら無性生殖で広がっている。

| 日照 | 色 | | 湿度 |
|---|---|---|---|
|  |  湿 |  乾 | |
| 中間 | 緑 | 茶 | 中間 |

分布　本州
欧州、北米、豪州

著者の研究により、都市の中心部から郊外に広がっていることが明らかになった。

# ホソウリゴケ〔細瓜蘚〕

*Brachymenium exile*　ブラキメニウム エクシレ　異

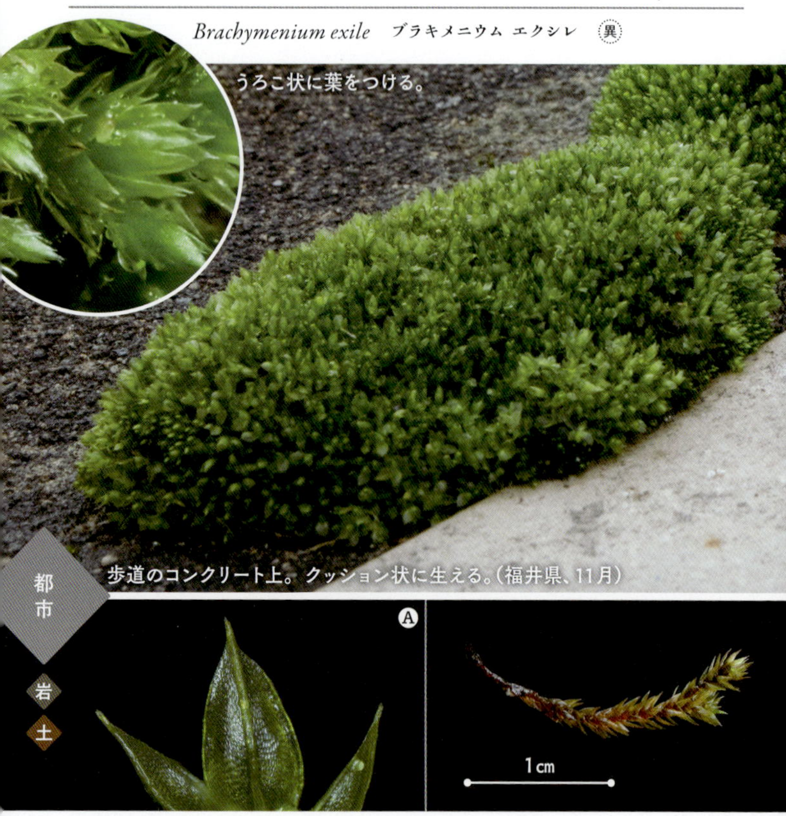


歩道のコンクリート上。クッション状に生える。(福井県、11月)

都市のアスファルトやコンクリートで最もふつうに見られるコケの一つ。クッション状の群落をつくる。ギンゴケ(p39)と混生することも多い。葉は卵形で全縁。中肋は1本で明瞭、葉先から短く突出するⒶ。乾燥しても縮れず、茎に接してうろこ状になる。ギンゴケと間違われることも多いが、ギンゴケのように葉の上半部が白くならないことに注目すれば見分けは容易。蒴は瓜(ウリ)のような形。

日照

明るい

色

緑　緑

湿度

乾燥

分布　北海道〜琉球、小笠原
アジア(東部〜東南部)、ハワイ

　ホソウリゴケの和名は、蒴の形が瓜に似ていることから。

# ギンゴケ〔銀苔〕

*Bryum argenteum*　ブリウム アルゲンテウム　異

側溝のコンクリート壁に群生。左下にはホソウリゴケも。（富山県、12月）

都市のアスファルトやコンクリートの上でよく見られる。葉の上半部が白色になるために**A**、植物体は白緑色を呈する。こうした色になるのは強光の影響を軽減するための環境適応で、日当たりの強い場所ではほぼ白色になることもある。なお、和名は体色を銀色に見立てたことに由来。乾燥しても葉は縮れず、茎に接してうろこ状になる。葉腋に小さな球状の無性芽をつける。

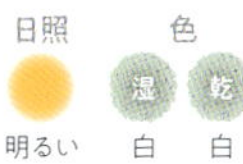

分布　北海道～琉球
世界各地

高温、乾燥、強光などの悪条件に強く、富士山の山頂から南極にまで分布する。

# ヒナノハイゴケ〔雛之這蘚〕

匍匐形

*Venturiella sinensis*　ヴェントゥーリエラ シネンシス　同

Ⓐ

都市　樹幹

実家の庭木にて。薄黄色のものは蒴もしくは帽。（静岡県、1月）

Ⓑ

1 cm

都市の樹幹に深緑色の群落をつくる。特に広葉樹の大木を好み、街路樹にも多い。雌雄同株（異苞）で胞子体をよくつける。胞子体は薄黄色。先端部（口環と蒴歯）が赤色〜赤褐色でよく目立つことから、別名クチベニゴケとも呼ばれる。雌苞葉（胞子体や花被の周りの苞葉）は大きく、透明尖が長いⒶ。葉は卵形で中肋がなく、全縁。乾くと茎に密着する。葉先には透明尖があるⒷ。

日照　色　湿度

中間　湿 緑　乾 緑　中間

分布　北海道〜九州
朝鮮、中国

 ヒナは「小さな」の意だが、胞子体が「赤いくちばしを持つ鳥のヒナ」にも見える。

# ミカヅキゼニゴケ〔三日月銭苔〕

葉状体

*Lunularia cruciata*　ルヌラリア クルキアタ　異

都市公園の土上。アオギヌゴケ類が混生する。（京都府、3月）

公園など都市の緑地に主に生える。一見ゼニゴケ（p62）のように見えるが、やや光沢があり、葉状体の先端に無性芽を入れる三日月形のポケット（無性芽器）ＡＢを持つことから、ほかのタイ類との見分けは容易。本種はもともと日本に分布していなかった種（帰化種）で、原産地は地中海周辺とされる。国内では長らく胞子体が発見されていなかったが、近年数か所（兵庫、広島など）で確認された。

日照　　中間

色　　湿 緑　乾 緑

湿度　　中間

分布
本州〜九州
東アジア、豪州、欧州、北米など（分布拡大中）

本種は1929年（昭和4年）に仙台で初めて発見された帰化植物。

# ヤノウエノアカゴケ〔屋上之赤蘚〕

直立形

*Ceratodon purpureus*　ケラトドン プルプレウス　異

芝地に混生する。蒴の色で一面が赤色になることも。(岩手県、3月)

農村

土

都市から農村の開けた地上に生育し、しばしば大群落をつくる。葉は広い披針形、乾くと巻縮する。葉縁は全縁で狭く外曲する。中肋は1本で長く、葉先に届くか、少し突出するⒶ。雌雄異株だが胞子体を高い頻度でつける。蒴柄は赤褐色〜黄褐色で、群生地では地面がやや赤色に見えることもある。蒴は円筒形で、乾くと表面に深い縦ジワができるⒷ。蒴は晩春に成熟する。

日照　色　湿度

明るい

湿 緑　乾 緑

中間

分布　北海道〜琉球
世界各地



和名は藁葺き(わらぶき)屋根の上などによく生えたことから。別名ムラサキヤネゴケ。

# ヒョウタンゴケ〔瓢箪蘚〕

*Funaria hygrometrica*　フナリア ヒグロメトリカ　同

裸地に群生し、多くの胞子体を出す。ゼニゴケが混生する。(山梨県、7月)

開けた土上や焚き火の跡によく生え、ときとして大群落になる。蒴はヒョウタンのような形をしておりA、成熟すると橙色になる。葉は卵形で深く凹み鋭頭、全縁B。本種は裸地などが草本で被われるまでのわずかな間に侵入、定着、胞子の散布を行う。まるで草本などから逃げるように生活することから、ヒョウタンゴケのような生き方（生活史戦略）は「逃亡者」と呼ばれる。

分布　北海道～九州
世界各地

戦時中、空襲後の焼け野原にはヒョウタンゴケの群落が広がっていたそう。

# アゼゴケ〔畦蘚〕

*Physcomitrium sphaericum*　フィスコミトリウム スファエリクム　同

水田の畔（あぜ）に生える。カップ状の蒴をつける。（京都府、3月）

秋から冬にかけて水田や畑などでよく見られる。カップのような形の蒴をつけるⒶ。ツリガネゴケ属の近縁種との区別は、(1) コツリガネゴケ、ヒロクチゴケ、アゼゴケの順に蒴柄は短くなる（8〜15㎜、4〜8㎜、2〜3㎜）、(2) アゼゴケの葉縁には舷がほとんどなく、上部には細かい鋸歯があるⒷ、(3) ヒロクチゴケの中肋は葉先から短く突出する、の3点が決め手。（Ⓑは鋸歯ははっきり見えない）。

日照　色　湿度

分布　本州〜琉球
ロシア東部、朝鮮、中国、インド、欧州

 和名は水田の畦（あぜ）でよく見ることから。

# ネジクチゴケ〔捻口蘚〕

*Barbula unguiculata*　バルブラ ウングイクラタ　異

土上の大きな群落。帽をつけた胞子体が見える。(京都府、3月)

人家付近から山地の開けた地上に生える。葉は狭い舌形〜卵形で先端がわずかに尖り、全縁Ⓑ。乾くと強く縮れ、茎に密着する。中肋は1本で長い。葉身細胞の表面に突起(パピラ)があるため、葉の表面はすりガラス状になってかすかに乳白色を帯びる。赤褐色の胞子体を春につけ、蒴は円筒形Ⓐ。「ネジクチ」の名に示されるように、蒴歯が長く、乾くとらせん状にきれいにねじれるⒸ。

分布　北海道〜九州
世界各地

セン類は蒴歯が乾湿に応じて開閉し、蒴の中にある胞子を散布している。

# チュウゴクネジクチゴケ〔中国捻口蘚〕

直立形

*Didymodon constrictus*　ディディモドン コンストリクトゥス　異

石垣のすき間に群生。乾くと褐色が強くなる。（京都府、6月）

フタゴゴケ属の中で最もよく見られる。岩やコンクリートの上に暗緑色の群落をつくる。石灰岩地域にも多い。葉が細いため、湿って葉が広がるとやや繊細な感じがするA。葉は被針形で鋭頭、全縁。中肋は1本で葉先からわずかに突出するB。乾くと茎にやや密着する。無性芽は褐色、球形で、仮根や葉腋の毛につく。近縁種のホソバチュウゴクネジクチゴケの中肋は褐色で長く突出する。

日照

中間

色

湿 緑　乾 茶

湿度

中間

分布　本州〜九州
中国、ヒマラヤ


フタゴゴケ属を含むセンボンゴケ科のコケは石灰岩地に生えるものが多い。

# ツチノウエノコゴケ［土上之小蘚］

*Weissia controversa*　ワイシア コントロウェルサ　同

公園の土上にて。多くの胞子体を出す。（京都府、3月）

開けた土の上に小さな群落をつくる。雌雄同株でよく胞子体をつける。葉は披針形で鋭頭、全縁。乾くと強く巻縮する。近縁種（コゴケ属）にナガハコゴケ、ツチノウエノタマゴケなどがあり、いずれも開けた土の上に群生する。(1) ナガハコゴケは長く発達した蒴歯を持つことで、(2) ツチノウエノタマゴケは蒴柄がほとんど発達せず、球形で沈生した蒴を持つことで見分けがつく。

分布　北海道～琉球
世界各地

コゴケ属のコケは胞子体がないと同定は難しい。

# ハリガネゴケ〔針金蘚〕

クッション形

*Rosulabryum capillare*　ロスラブリウム カピラレ　異

道路脇の石壁。クッション状に生える。蒴は未成熟。(京都府、3月)

岩やコンクリートの上、ときに樹幹や腐木にも生える。葉はやや狭い基部から倒卵形に伸び、葉先は鋭頭。ほぼ全縁。葉縁に明瞭な舷がある。乾燥すると葉は強くらせん状に巻縮するⒶ。中肋は1本で明瞭、葉の先から長く突出するⒷ。蒴は円筒形でやや垂れさがる。近縁種のキイウリゴケは樹幹に生え、外観はハリガネゴケに似る。しかし、キイウリゴケの蒴はほぼ直立する点で大きく異なる。

分布　北海道〜琉球
世界各地



和名は葉先から長く突出する中肋が針金のように見えることから。

# ヒジキゴケ〔鹿尾菜蘚〕

*Hedwigia ciliata*　ヘートヴィヒア キリアタ　同

明るい岩上に生える。湿潤時は黄色みが強くなる。(福井県、3月)

乾いた岩の上にやや白みを帯びた大きな黄緑色の群落をつくる。葉は卵形で凹む。葉先は短い透明尖となりⒶ、葉縁には歯がある。中肋はない。乾燥しても縮れず、茎に密着する。色は湿潤時と乾燥時で大きく異なり、湿潤時は黄みが強いが、乾燥すると白みが強くなるⒷ。蒴柄は短く、蒴は苞葉の間に沈生。属名は蘚苔類(せんたい)研究の先駆者Johann Hedwig (1730-1799)に由来する。

日照　色　湿度

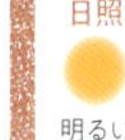

明るい　黄　白　乾燥

分布　北海道〜九州
世界各地

お惣菜(そうざい)のヒジキからは想像しにくいが、生のヒジキによく似ている。

# タチヒダゴケ〔立襞蘚〕

クッション形

*Orthotrichum consobrinum*　オルトトリクム コンソブリヌム　同

中央がタチヒダゴケ。周囲はコゴメゴケなど。(京都府、3月)

広葉樹の樹幹に小さなクッション状の群落をつくる。雌雄同株でよく胞子体をつける。帽には深いひだがあり、釣り鐘のような形Ⓑ。葉は広い披針形で全縁。乾いてもほとんど縮れず、茎に密着するⒶ。中肋は葉先近くに達する。近縁種のコタチヒダゴケはずっと小型で葉は狭い舌形、帽には少数の毛がある。近縁種のタチバヒダゴケは大きくて葉縁は強く外曲し、蒴はわずかに葉の間から出る程度。

日照　色　湿度

中間　湿 緑　乾 緑　中間

分布　本州〜九州
朝鮮、中国


別名コダマゴケ。旧制山口高等学校の教授・児玉親輔(1884〜1947)にちなむ、とも。

# サヤゴケ［鞘蘚］

*Glyphomitrium humillimum*　グリフォミトリウム フミリムム　同

樹幹に生える。右下はカラフトキンモウゴケ。（石川県、4月）

落葉広葉樹などに生え、特にサクラ類などの樹幹に多い。胞子体のつけ根の葉（雌苞葉）が発達して蒴柄を包む。胞子体を刀、雌苞葉を鞘（さや）に見立てれば、その姿はまるで刀をしまい込む鞘のようB。葉は披針形で先は尖り、全縁。乾燥すると葉は茎に密着し、ほとんど縮れない。中肋は葉先に達し、短く突出する。近縁種のチャボサヤゴケはずっと小型で、中肋は葉先よりかなり下で終わる。

日照 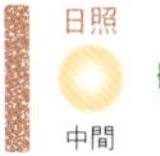 中間　色  湿 緑   乾 緑　湿度 中間

分布　北海道〜九州　東アジア

蒴歯は赤色で乾くと外側に反り返るA。

# ホソオカムラゴケ〔細岡村蘚〕

匍匐形

*Okamuraea brachydictyon*　オカムラエ ブラキディクティオン　異

農村　樹幹

樹幹の基部。枝先には無性芽をたわわにつける。(京都府、3月)

主に広葉樹の樹幹に群落をつくり、茎の先端に細い芽状の無性芽を豊富につけるⒶ。葉は卵形でやや凹み、先は短く尖る。全縁。乾いてもほとんど形は変わらない。中肋は1本で葉の中部以上に達する。近縁種のオカムラゴケは植物体がひと回り大きくて無性芽をつけず、葉先が細く伸びて鋭頭になる。また、キノクニオカムラゴケは葉身が深く凹み、明瞭な縦ジワがある。

日照　色　湿度

中間　緑　緑　中間

分布　本州〜九州
朝鮮、中国、極東ロシア

 和名は日本のコケ植物研究の先駆者・岡村周諦（しゅうてい）博士（1877-1947）にちなむ。

# コゴメゴケ〔小米蘚〕

匍匐形

*Fabronia matsumurae*　ファブロニア マツムラエ　同

街路樹の幹を広く被う。タチヒダゴケがところどころに生える。(京都府、3月)

市街地から郊外の樹幹に大きな群落をつくる。湿潤時と比べ、乾燥時は群落がやや白緑色になる。植物体は小型で糸状。葉は卵形、葉先は鋭頭で透明尖が発達するB。葉は乾くと茎に密着し、葉の上半部の葉縁には鋸歯がある。中肋は1本で葉の中部近くにまで達する。雌雄同株(異苞)で広い卵形の蒴をつけるA。近縁種のエダウロコゴケモドキ(p109)は中肋が非常に短いか、または欠く。

日照　色　湿度

中間

緑

白

中間

分布　本州～九州
中国、極東ロシア

コゴメゴケの群落にはコモチネジレゴケ(p37)などさまざまな種が混生することが多い。

# ハイゴケ〔這蘚〕

匍匐形

*Hypnum plumaeforme*　ヒプヌム プルマエフォルメ　異

明るい岩上にフカフカの群落をつくる。(東京都、7月)

あらゆる場所に生え、生育環境によって色、サイズ、形の変異が大きい。植物体は基物上を這い、やや規則的に枝を羽状に出すⒶ。葉は卵形で上半部は強く鎌形に曲がりⒷ、葉先に細かい鋸歯がある。葉の基部は心臓形〜やや心臓形。中肋は2本で短い。近縁種のコハイゴケの枝は湾曲して立ち上がり、枝の先端近くに小枝状の無性芽を持つ。ヒメハイゴケは密に羽状に分枝し、主に山地に生える。

分布　北海道〜琉球
東アジア、ハワイ


強い乾燥耐性があり、屋上緑化や苔玉などのインテリアでもよく使われる。

# コモチイトゴケ〔子持糸蘚〕

匍匐形

*Pylaisiadelpha tenuirostris*　ピライシアデルファ テヌイロストリス　異

都市から農村に広く分布。樹幹を滑らかに被う。(京都府、3月)

樹幹に滑らかなビロードのような群落をつくり、とりわけ都市近郊から郊外で多い。植物体は糸状で、やや光沢がある黄緑色〜明るい緑Ⓐ。葉は披針形で長く尖り、先はわずかに鎌形に曲がる。ほぼ全縁。乾くとやや茎に接するが、ほとんど形は変わらない。中肋は2本で短い。蒴は円筒形Ⓑ。葉腋に茶色で糸状の無性芽をつけるⒸ。よく似たトガリゴケ(p183)は葉をやや扁平につけ、無性芽を欠く。

分布　北海道〜九州
中国、朝鮮、ロシア東部

和名は無性芽を「コモチ(子持ち)」に例えている。

# ウロコゼニゴケ〔鱗銭苔〕

茎葉体（丸葉）

*Fossombronia japonica*　フォッソンブローニア ヤポニカ　同

開けた畑地に小さな群落をつくる。（長野県、11月）

農村

土

Ⓐ

1 mm

日当たりのよい裸地に生え、鮮やかな緑色をしている。茎と葉の境界があまりはっきりせず、葉はフリルのように波打つ。その外観はまるで小さなレタスのよう。葉は円頭〜やや凹頭、全縁。雌雄同株で胞子体をよくつけ、蒴は球形で茎の上に散在。蒴が未成熟のときは黄緑色をしているが、成熟すると黒くなるⒶ。胞子は晩秋に成熟。八ヶ岳には近縁種のヤツガタケウロコゼニゴケが分布。

日照  明るい

色  湿 緑  乾 緑

湿度 中間

分布　北海道〜琉球
東アジア〜東南アジア、北米



一見葉状体に見えるが、よく見ると葉も茎も明瞭で茎葉体であることがわかる。

# フルノコゴケ〔古鋸苔〕

*Acrolejeunea sandvicensis*　アクロルジュネア サンドウィケンシス　同

広葉樹の樹幹に生える。葉が反り返っている。（京都府、3月）

樹幹などに着生するタイ類で、茎の一部（古い部分）が白みを帯びることが多い。葉（側葉）は卵形で乾燥時は茎に密着するが、湿るとほぼ垂直に立ち上がるⒶ。腹葉は円形Ⓑ。なお、葉、腹葉ともに全縁、円頭。花被は茎の先端につき、倒卵形で10稜あるⒸ。近縁種のヒメミノリゴケは茎の長さが0.5～1㎜と小さく、腹片は大きく、背片の1/2～2/3ほど。同様に都市から農村に主に分布。

日照　色　湿度

中間　緑　緑　中間

分布　北海道～琉球
東アジア～東南アジア、太平洋諸島

和名は茎から垂直に立ち上がる葉を、古くなったノコギリの歯に見立てている。

# コクサリゴケ〔小鎖苔〕

茎葉体(丸葉)

*Microlejeunea ulicina*　ミクロルジュネア ウリキナ　同

カラヤスデゴケの群落に混生。小さくて見つけづらい。(京都府、9月)

植物体は非常に小さく糸状で長さ1～3㎜ほど。ほかのコケ群落に混生することが多い。葉はそれぞれ離れてつき(離在)、不等に2裂して大きな背片と小さな腹片になる。背片は楕円形で全縁、腹片はポケット状で背片の約1/2の大きさⒶ。腹葉は深く2裂する。近縁種のマルバヒメクサリゴケの葉は接してつき(接在)、腹片は大きくて背片の3/4ほどの長さ。腹葉がない。

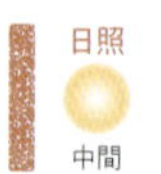

分布　本州～琉球、小笠原
世界各地

 本種のような小型のコケには、ほかのコケ群落の中に混生する種も少なくない。

# ジンガサゴケ〔陣笠苔〕

*Reboulia hemisphaerica* subsp. *orientalis*　ルブーリア ヘミスファエリカ オリエンタリス　(同)

石垣のすき間の土上。陣笠のような形の雌器床を持つ。(石川県、4月)

春に「陣笠」のような雌器床をつける(Ⓐは托柄が伸び切っていない)。葉状体の縁と腹面には紫紅色を帯びた腹鱗片があり、腹鱗片の上部には2本の披針形の突起(付属物)があるⒷ。よく似たミヤコゼニゴケは葉状体の幅が狭く2〜3㎜。また、雌器床が半球形で、腹鱗片の付属物(2本)はしばしば葉状体の先端から出る。ツボゼニゴケは石灰岩地に分布し、腹鱗片の付属物は3本。

| 日照 | 色 | | 湿度 |
|---|---|---|---|
| 中間 | 湿 緑 | 乾 緑 | 中間 |

分布　北海道〜琉球、小笠原
東アジア

石灰岩地や高地にはそれぞれ別亜種が分布する。

# ヒメジャゴケ〔姫蛇苔〕

葉状体

*Conocephalum japonicum*　コノケファルム ヤポニクム　異

葉状体の縁に無性芽を豊富につける。都市にも多い。(北海道、9月)

　その名の通りヘビの模様のような表皮を持つ。本家ジャゴケ(p204)のようにドクダミに似た特有の香りがあり、晩秋になると匂いがきつくなるという。葉状体の一部が赤紫色を帯びることが多く、気温が低下すると葉状体の縁に円形の無性芽を豊富につけるA。寒い地方では冬に枯れるが、耐寒性のある無性芽で冬を越し、春に再び葉状体をつくる。なおジャゴケは冬に枯れず、無性芽をつけない。

日照　　中間
色　　湿 緑　　乾 緑
湿度　中間

分布　北海道〜琉球　東アジア


日本産のヒメジャゴケはいくつかの種に分けられるとの見解がある。

# フタバネゼニゴケ〔二羽銭苔〕

*Marchantia paleacea* subsp. *diptera*　マルシャンティア パレアケア ディプテラ　異

道路際の土上にて。笠形の雌器床は雌が受精した証拠。（石川県、5月）

ゼニゴケ（p62）と同様にカップ状の無性芽器をつけるが、葉状体の縁と腹面は赤紫色を帯びる。腹鱗片の付属物は円形で全縁C。受精の有無で雌器床の形が変わり、受精すると傘形にA、未授精（不捻）ではハート形になるB。基本種のツヤゼニゴケは本州中部以北の落葉樹林に分布し、腹鱗片の先がやや尖る。トサノゼニゴケはやや小型で雌器床は5〜7裂して腹鱗片の付属物の縁に歯がある。

日照　色　湿度

中間

湿 緑

乾 緑

中間

分布　本州〜琉球、小笠原
東アジア

和名は、不捻時に見られる雌器床の大きな2枚の裂片を羽根に見立てて。

# ゼニゴケ〔銭苔〕

葉状体

*Marchantia polymorpha* subsp. *ruderalis*　マルシャンティア ポリモルファ ルデラリス　異

傘形の雌器床をつけた雌株。春と秋に胞子体をつける。(静岡県、5月)

農村

土

スギゴケ(p219)と並んで最も有名なコケの一つ。葉状体の表面にカップ状の無性芽器をつけ、中には円盤状の無性芽が詰まっているⒷ。この円盤状の無性芽をコインに例えて「ゼニゴケ」になったとする説がある。雌器床は傘形で6〜10裂し、弾糸は鮮やかな黄色Ⓒ。雄器床は浅い盤状Ⓐ。雌器托、雄器托は春と秋の2回つける。腹面は透明の鱗片で覆われ、縁や腹面は赤紫色を帯びない。

日照　色　湿度

中間

緑　緑

中間

分布　北海道〜九州
世界各地

 亜種にヤチゼニゴケがある。日本では尾瀬ヶ原(群馬県)でしか見つかっていない。

# ヤワラゼニゴケ〔柔銭苔〕

*Monosolenium tenerum*　モノソレニウム テネルム　同

やや湿った土上を好む。円盤状の雌器床が目立つ。(福井県、3月)

柔らかい感じのするゼニゴケ類。窒素が多い環境を好んで生え、圃場や温室、庭園などに生育する。しかし、同じ場所に長期間安定して生育することはまれで、数年で消えてしまうことが多い。葉状体は緑色。表面に白い斑点(油体)がありB、ほかの種との見分けは容易。雌器床は円盤状で縁がやや切れ込むA。雄器托はほとんど無柄で、雄器床は盤状。胞子は早春に成熟する。

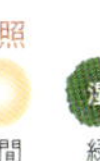

| 日照 | 色 | | 湿度 |
|---|---|---|---|
| 中間 | 湿 緑 | 乾 緑 | 中間 |

分布　本州(関東地方以南)〜琉球
東アジア、ヒマラヤ、ジャワ、インド、ハワイ

近年アクアリウムで利用されることがある。

# ウキゴケ〔浮苔〕（新称 ウキウキゴケ〔浮々苔〕）

葉状体

*Riccia fluitans*　リッチア フルイタンス　㊂同

水中に生えた群落。陸地に生えることも多い。（京都府、3月）

　水田や水中、湿った地上に生育して規則的に二叉状にまばらに分枝するⒶ。この姿がシカの角に例えられ、別名カヅノゴケ（鹿角苔）とも。なお、水中では大型になって見ばえがする。そのため、沈水栽培されたウキゴケは「リシア」の名で販売され、アクアリウムでは定番の植物。近縁種のコハタケゴケ、ミゾウキゴケの背面には浅い溝があり、前者はロゼット状になる。

日照　　中間

色　　湿 緑　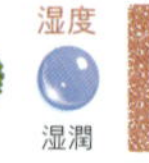　乾 緑

湿度　湿潤

分布　北海道〜琉球
世界各地

 「ウキゴケ」には、ウキウキゴケを含む複数の種が含まれていることが判明した。

# カンハタケゴケ〔寒畑苔〕

葉状体

*Riccia nipponica*　リッチア ニッポニカ　同

稲刈り後の水田に出現。表面はやや白みがかる。(京都府、3月)

稲刈り後の水田や畑などの開けた土の上で見られる一年生のコケ。秋から冬に出現するので、カン(寒)ハタケゴケ。胞子は葉状体の中で成熟し、配偶体が枯死することで周囲に散布される。そのため、ほかのコケのように胞子体を出すことはない。葉状体の背面には小さな突起が密生してすりガラス状になっており、光に当たるとややキラキラする。乾燥すると白みが強くなるⒶ。

日照  明るい　色 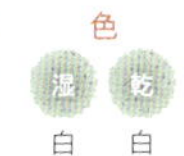 白　白　湿度  中間

分布　本州(埼玉県以南)～九州

生態から本来は氾濫原(河川の氾濫で浸水する平野)の植物であるとされる。

# イチョウウキゴケ〔銀杏浮苔〕

葉状体

*Ricciocarpos natans*　リッチオカルポス　ナタンス　同

イチョウの葉のような形。一部赤紫色を帯びる。(長野県、11月)

農村

土

大型のウキゴケ類で水田や池の水面に浮遊し、水を抜いた水田や湿った畑の上にも生育する。葉状体は二叉状に分枝してイチョウの葉のような形になり、気温が低下すると赤紫色を帯びるⒶ。腹鱗片は紫色。古くから水面に浮く水草として知られ、江戸時代の本草学者・岩崎灌園(かんえん)(1786-1842)の本草図譜(ほんぞうずふ)にチョウウキクサとして紹介されている。近縁種のミヤケハタケゴケは淡緑色で、腹鱗片は白色。

日照　色　湿度

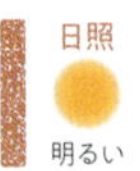

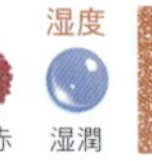


明るい　緑-赤　緑-赤　湿潤

分布　北海道〜琉球
世界各地

春から秋に見られ、胞子は晩秋に成熟。近年減少傾向にあるとされる。

# ツノゴケモドキ〔角苔擬〕

*Notothylas orbicularis*　ノトティラス オルビクラリス　同

畑地にまばらに生える。包膜に包まれた胞子体が見える。(長野県、11月)

葉状体はロゼット状で縁は浅く切れ込む。蒴は短く、成熟するまで保護器官（包膜）に包まれている**A**。成熟すると水平もしくは斜めに出るが、ほかのツノゴケ類のように垂直に立つことはない。本種は北海道〜関東を中心に分布するが、近縁種のヤマトツノゴケモドキは北陸〜四国地方を中心に、ジャワツノゴケモドキは四国〜九州地方を中心に分布する。いずれも蒴のない個体は見分けが難しい。

日照　色　湿度

明るい　緑　緑　中間

分布　本州〜九州

ツノゴケ類は葉状体に腔所があり、ここに藍藻（らんそう）類が共生している（p21、31）。

# ニワツノゴケ〔庭角苔〕

葉状体

*Phaeoceros carolinianus*　ファエオケロス カロリニアヌス　同

水路脇の土上にて。
ツノのような形の胞子体を出す。
（福井県、9月）

ツノゴケ類の中で最もよく見られる種で、人家周辺にも生える。ツノゴケ類の特徴である爪楊枝のような蒴を角に見立てて、ツノゴケ類と名づけられた。胞子は黄色。蒴が成熟すると先端が黄色〜褐色になるA。近縁種のナガサキツノゴケは背面にゴツゴツとした隆起物があり、成熟した蒴の先端は黒色〜褐色になる。一方、ミヤケツノゴケは葉状体の腹面に長い柄のある無性芽を持つ。

日照　色　湿度

明るい

湿　緑

乾　緑

中間

分布　北海道〜琉球、小笠原
世界各地

日本には20種ほどのツノゴケ類が分布する。ただし、全種を見るのは容易ではない。

# オオシッポゴケ〔大尻尾蘚〕

*Dicranum nipponense*　ディクラヌム ニッポネンセ　異

木の根元に密に生える。手触りの硬い密に詰まった群落。（石川県、7月）

コケ地のシッポゴケ類の代表格。密に詰まった群落をつくり、褐色の仮根を持つ。葉は披針形であまり開出せずⒶ、ときに茎に密着する。葉先はやや広く尖るか鈍頭で、鋭い鋸歯があるⒷ。乾燥しても形は変わらない。なお、近縁種のシッポゴケ（p137）とカモジゴケは、葉先が細く長く尖ることで区別できる。また、この2種は主に落葉樹林〜針葉樹林に出現し、都市や庭園ではほとんど見られない。

日照　色　湿度

暗い　緑　緑　中間

分布　北海道〜九州
朝鮮、中国

苔庭でシッポゴケと呼ばれているコケは、経験上オオシッポゴケが多い。

# ヤマトフデゴケ〔大和筆蘚〕

*Campylopus japonicus*　カンピロプス ヤポニクス　異

ほぼヤマトフデゴケのみで占められたコケ地。(石川県、12月)

　やや光沢のある群落をつくり、植物体の下部は黒褐色の仮根で覆われるA。葉が外れやすく群落の上に散らばることが多いB。葉はやや広い基部から針状に伸び、乾いてもほとんど縮れない。中肋は葉の下部では葉の幅の約1/2、上部ではほとんどを占め、葉先は細かい歯のある透明な芒状になるC。近縁種のフデゴケは大型で葉幅が広く、ヤマトフデゴケほど葉の上部で中肋が目立たない。

湿度
中間

分布　北海道〜琉球
朝鮮、中国

 本種は「ヤマトツリバリゴケ」ともよばれる。

# ケヘチマゴケ〔毛糸瓜蘚〕

*Pohlia flexuosa*　ポーリア フレクスオサ　(異)

路傍(ろぼう)の斜面に生える。蒴は未成熟。(長野県、9月)

庭園

岩 土 倒木

1cm

ヘチマゴケ

Ⓐ

都市から農村に広く分布するヘチマゴケ属の一種。春にヘチマ形の蒴をつける。蒴柄は長く3〜6cmほど。葉は披針形で上部に細かい鋸歯があり、乾いてもあまり縮れない。中肋は１本で葉先かその近くに達する。特徴は葉腋につけるねじれたおしぼり状の無性芽Ⓐ。近縁種のヘチマゴケは無性芽をつけず、蒴柄も短い(2〜3cm)。また、ケヘチマゴケが雌雄異株であるのに対し、雌雄同株である。

| 日照 | 色 | | 湿度 |
|---|---|---|---|
| 中間 | 湿 緑 | 乾 緑 | 中間 |

分布　本州〜琉球
アジア、アメリカの温帯〜熱帯

ケヘチマゴケの「ケ」は、葉腋の無性芽を毛に例えている。

# コバノチョウチンゴケ〔小葉之提灯蘚〕

*Trachycystis microphylla*　トラキキスティス ミクロフィラ　異

明るい色のところが新芽。晩冬から見られることも。(福井県、4月)

木陰を好んで生え、苔庭では大群落をつくることも。晩冬から早春にエメラルドグリーン色の新芽を出す**AB**。なお、新芽の色は次第に濃くなり、夏頃には本体と同じ濃緑色になる。葉は広い披針形で上半部には歯があり、葉先は短く尖る。葉縁に舷はなく、乾くと著しく巻縮。中肋は1本で先端に達する。春に胞子体を出し、蒴は楕円形で下垂する。蒴の形は小田原提灯(ちょうちん)のよう**C**(写真は未成熟)。

分布　本州～琉球
東アジア


雄株では茎の先端に造精器や苞葉が密集し、花のように見える。

# ナミガタタチゴケ〔波形立蘚〕

*Atrichum undulatum*　アトリクム ウンドゥラトゥム　同

木陰に群生する。葉の波模様はルーペでも見える。(福井県、5月)

スギゴケ類の一種で、やや日陰の土上を好んで生える。葉は披針形で葉身部には強い横ジワがありⒶ、葉縁には鋭い鋸歯が発達。乾くと強く巻縮する。中肋は1本で葉先に達する。雌雄同株(異苞)で円筒形の蒴をよくつけるⒷ。近縁種のヒメタチゴケ、ヤクシマタチゴケはいずれもナミガタタチゴケよりも小型で、葉の横ジワが弱い。また、ヤクシマタチゴケは岩上に生えることで見分けられる。

日照　色　湿度

暗い　湿 緑　乾 緑　中間

分布　北海道～九州
北半球

和名は葉の横ジワを波に例えて。

# コスギゴケ〔小杉蘚〕

*Pogonatum inflexum*　ポゴナトゥム インフレクスム　異

白みがかることが多い。写真は緑みの強い群落。(東京都、7月)

やや白緑色をした小型のスギゴケ類。庭園に多いが、山地の路傍(ろぼう)でもよく見かける。葉は卵形の葉鞘から披針形に伸びⒶ、葉縁には鋭い鋸歯がある。乾くと強く巻縮しⒷ、灰色がかって見えるようになる。中肋は1本で葉先に達する。蒴は円筒形で直立。帽はフェルトのような毛で覆われるⒸ。コスギゴケとは異なり、近縁種のヒメスギゴケの葉は乾いてもほとんど縮れない。

湿度 中間

分布　北海道〜九州
朝鮮、中国、極東ロシア

スギゴケ類の帽は、毛糸の帽子のように毛がフサフサ生えるものが多い。

# オオスギゴケ〔大杉蘚〕

*Polytrichastrum formosum*　ポリトリカストルム フォルモスム　異

林床を好んで生える。大きいものでは15cm程度になることも。(京都府、7月)

庭園の代表的なコケの一種で、木陰などに大きな群落をつくる。葉は卵形の葉鞘から披針形に伸びⒶ、乾いても縮れずに茎に密着する。近縁種のウマスギゴケ(p76)との見分けは、(1)オオスギゴケの蒴の頸部は浅くくびれるが、ウマスギゴケの頸部は深くくびれて小さなこぶのようになること、(2)日なたを好むウマスギゴケに対してオオスギゴケは林床を好むこと、などによる。

日照　色　湿度

暗い　湿 緑　乾 緑-茶　中間

分布　北海道〜九州
世界各地

庭園用に栽培されるウマスギゴケに対し、オオスギゴケはほとんど流通していない。

# ウマスギゴケ〔馬杉蘚〕

*Polytrichum commune*　ポリトリクム コンムネ　異

ウマスギゴケで庭園に模様が描かれることがある。(京都府・東福寺本坊庭園、7月)

庭園の主役。和名は帽に生える毛を馬のタテガミに例えてA。帽はフサフサ、雄花盤は花のようB。葉の特徴などはオオスギゴケ(p75)に似る。両者の見分け方はオオスギゴケを参照。ほかにも、ウマスギゴケは乾燥して葉が閉じた際に茶褐色〜赤褐色が目立つ傾向がある。ただし、湿潤な環境ではあまり目立たない。庭園のイメージが強いが、本来は冷涼な地域の湿原に大群落をつくる。

湿度 中間

分布　北海道〜九州
世界各地

 著者の研究で、都市化で京都の苔庭が変化しつつあることが明らかになった。

# ヒノキゴケ〔檜苔〕

*Pyrrhobryum dozyanum*　ピルホブリウム ドージアヌム　異

やや湿った林床を好む。繊細な緑色で柔らかな印象。(石川県、12月)

柔らかな緑色をしたフワフワのコケ。別名イタチノシッポ。苔庭の主要種の一つで北陸地方に多い。葉は線形〜細い披針形Aで葉先は細く尖りB、葉縁の歯は鋭い。乾燥すると弱く巻縮し、長引くと全体が茶褐色になってしまう。そのため、美しいヒノキゴケの庭を楽しむには、湿度が高い梅雨どきから晩秋が最もおすすめ。茎の中部あたりまで赤褐色の仮根で覆われる。胞子体は茎の途中につく。

日照　色　湿度

暗い　湿緑　乾緑　中間

分布　本州〜琉球
中国、朝鮮

群落の雰囲気から、ヒノキゴケより別名のイタチノシッポを好んで使ってしまう。

# ケギボウシゴケ〔毛擬宝珠蘚〕

*Grimmia pilifera*　グリミア ピリフェラ　異

石灯篭（いしどうろう）に生える。ところどころに胞子体をつける。（福井県、3月）

ギボウシゴケ科のコケは明るい岩上に黒緑色の群落をつくるものが多い。本種は低地に広く分布するギボウシゴケの一種。葉は披針形で葉先は長い透明尖になる。乾いても縮れず、茎に密着B。蒴柄は短く、蒴は雌苞葉の間に沈生するA。近縁種のホソバギボウシゴケ（p79）は透明尖が短く、ソラニギボウシゴケの蒴は沈生しないことで区別できる。和名の由来はホソバギボウシゴケを参照。

| 日照 | 色 | 湿度 |
|---|---|---|
| 明るい | 湿：緑　乾：黒 | 乾燥 |

分布　北海道〜九州
朝鮮、中国、北米東部


「ケ」は長い透明尖をさす。透明尖や無性芽を毛になぞらえた和名が多い。

# ホソバギボウシゴケ〔細葉擬宝珠蘚〕

*Schistidium strictum*　スキスティディウム ストリクトゥム　同

歩道脇の石の上。乾くと黒みが強くなる。(長野県、10月)

　岩や石垣の上に小さな黒緑色をしたクッション状の群落をつくり、低地～高地にまで生える。葉は披針形で全縁、しばしば短い透明尖を持つが、ほとんど発達しないこともあるⒶⒸ。乾燥すると葉は茎に密着する。蒴柄が短く、蒴は雌苞葉に沈生するⒷ。蒴歯は黄色～赤褐色で披針形または糸状。雌苞葉は透明尖を欠き、長い透明尖がある近縁種コメバギボウシゴケとの区別点になる。

日照：明るい　色：緑（湿）、黒（乾）　湿度：乾燥

分布　北海道～九州
世界の温帯～熱帯

和名は擬宝珠（ぎぼし：橋などの手すりの柱の上にある飾り）に蒴が似ているため。

# ホソバオキナゴケ〔細葉翁蘚〕

*Leucobryum juniperoideum*　レウコブリウム ユニペロイデウム　異

小さなクッションになることも。

庭園で密な群落をつくる。苔庭の主要種の一つ。(京都府、11月)

苔庭の代表的なコケ。ホソバオキナゴケを含むシラガゴケ属は、その白緑色から「翁（おきな）」「白髪」などの和名を持つ。いずれも乾いてもほとんど形は変わらない。ホソバオキナゴケはあまり光沢がなく、葉の上部は披針形で、葉先はあまり細くならないA。近縁種のアラハシラガゴケはやや絹のような光沢があり、葉の上部は狭く披針形～線形、しばしば折れ曲がる。両種は苔庭では混生することが多い。

| 日照 | 色 | | 湿度 |
| --- | --- | --- | --- |
| 暗い | 湿 白 | 乾 白 | 中間 |

分布　北海道～琉球、小笠原
ユーラシア



暖地のアラハシラガゴケは大型になり、オオシラガゴケ(p103)のようになる。

# ホンモンジゴケ〔本門寺蘚〕

*Scopelophila cataractae*　スコペロフィラ カタラクタエ　異

銅ぶき屋根の下の岩上。クッション状の群落をつくる。(山梨県、12月)

銅で汚染された環境に生えるコケ。社寺では銅ぶき屋根の下などでよく見つかる。この生態から別名ドウゴケ。ややくすんだ緑色でⒶふかふかしたクッション状の群落をつくる。葉は舌形で葉先は広く尖り鋭頭Ⓑ。雌雄異株でほとんど胞子体をつけないが、ハトの足などに無性芽をつけて広がっている説がある。近縁種のイワマセンボンゴケは、鉄イオンのある環境を好む。

日照　色　湿度

暗い　緑　緑　中間

分布　本州〜九州
東南アジア、インド、ヒマラヤ、北・南米

和名は池上本門寺(東京)で発見されたことによる。

# ヒメナギゴケ〔姫梛蘚〕

匍匐形

*Oxyrrhynchium savatieri*　オクシリンキウム サヴァティエリー　異

庭園の土上に生える。茶褐色のものは枯れた個体。(京都府、3月)

湿るとやや扁平になりA、葉は卵形で基部は心臓形、葉先はやや広く尖って鋭頭。葉縁には鋸歯が発達する。中肋は1本で、葉の2/3～3/4に達し、中肋の先端部では葉の背面に小さなトゲがあるB。蒴は傾き、非相称。蒴柄には全面にわたってパピラがある。近縁種のツクシナギゴケモドキは葉をややまばらにつけ、湿っても扁平にならない。また、ヒメナギゴケよりも水辺を好んで生える。

分布　北海道～琉球、小笠原
中国、ベトナム

　和名はナギ(梛)の葉に似ていることから。別名はツクシナギゴケ。

# エダツヤゴケ〔枝艶蘚〕

匍匐形

*Entodon flavescens*　エントドン フラウェスケンス　異

ツヤがあり、規則正しく枝を羽状に出す。(東京都、7月)

光沢のある黄緑色の群落をつくり、植物体の一部は赤みがかることが多い。密に羽状に分枝し、茎に比べてやや細い枝を出すⒶ。葉は扁平につき、茎葉は広い卵形で鋭頭〜鈍頭Ⓑ、葉縁に細かい鋸歯がある。乾いてもほとんど形は変わらない。中肋は2本で短い。蒴柄は赤色〜栗色、蒴は円筒形で直立。近縁種のヒロハツヤゴケは主に樹幹に生え、やや不規則な羽状に分枝。赤みがかることはない。

日照　色　湿度

中間　黄-赤　黄-赤　中間

分布　北海道〜琉球
東アジア

その見た目から、庭園ではハイゴケ (p54) と混同されていることもある。

# コツボゴケ〔小壺蘚〕

匍匐形

*Plagiomnium acutum*　プラギオムニウム アクトゥム　異

湿った場所に生える。都市から山地まで広く見られる。（東京都、7月）

葉は透明感にあふれ、みずみずしいA。匍匐茎（這う茎）と直立茎（立つ茎）を持ち、生殖器官は直立茎につく。葉は卵形で鋭頭、上半部に鋭い歯があり、乾くと強く巻縮する。中肋は葉先に届くB。なお、近縁種のツボゴケは、外見はほとんど変わらないが、雌雄同株（同苞）で、コツボゴケより山地を好む傾向がある。ヤマトチョウチンゴケの葉は倒卵形で、中肋は葉先に届かない。

分布　北海道～琉球
アジア（東部～東南部）、ヒマラヤ

　山沿いなどにある苔庭では、一面コツボゴケに被われることも。

# トヤマシノブゴケ［外山忍蘚］

*Thuidium kanedae*　ツイディウム カネダエ　異

暗い環境では緑色だが、明るい環境では黄色みが強くなるA。３回羽状に分枝して小さなシダのような形になりB、茎や枝の表面に多くの毛葉を持つ。茎葉は三角形で、先端は糸状の透明尖になるC。枝葉は卵形で鋭頭、透明尖はない。茎葉、枝葉とも細胞表面に大きなパピラがある。近縁種のヒメシノブゴケは水辺に生育してやや淡緑色。アオシノブゴケの茎葉に透明尖はなく、２回羽状に分枝する。

分布　北海道～琉球、小笠原
朝鮮、中国、極東ロシア

「トヤマ」は富山県ではなくコケ研究者・外山礼三氏（1913-1947）にちなむ。

# アカウロコゴケ〔赤鱗苔〕

茎葉体（丸葉）

*Nardia assamica*　ナルディア アッサミカ　異

ほかの植物がまだ侵入していない裸地を薄く被う。（長野県、11月）

庭園

土

B

クチキゴケ

5mm

小型で糸状のタイ類。基本は明るい緑色だが赤色を帯びることもある。葉（側葉）はほぼ円形で円頭〜わずかに凹頭、全縁B。茎の先端がしばしば鞭状（べんじょう）になるA。腹葉は茎と同程度の幅、舌形で円頭、全縁。落葉樹林以上でオリーブツボミゴケ、針葉樹林以上でハラウロコゴケなどの近縁種が見られる。よく似るクチキゴケは主に倒木上に生えて腹葉がなく、茎先に赤褐色の無性芽をつける。

| 日照 | 色 | 湿度 |
|---|---|---|
| 中間 | 湿 緑-赤　乾 緑-赤 | 中間 |

分布　北海道〜九州
東アジア、コーカサス


他種に先駆けて裸地に侵入する種の一つで、土砂を安定させる機能を持つ。

コラム

# コケと文化

「君が代は……苔のむすまで」。世界広しといえど、国歌にコケが出てくるのは、日本だけ。もちろん、これは偶然ではない。身近にコケが豊富にあったため、古来より、日本人は苔むす風景にさまざまな意味を見出し、思いを託してきたのだ。ちなみに「苔のむすまで」は「苔のむすくらいの長い時間」、転じて、非常に長い時間、を表している。コケに託された思いは時代とともに変わっていくが、現代に生きるわれわれにとって、最も実感できるのは、「わび・さびの風情」ではないだろうか。きれいな花も咲かせずに地味で、透き通ったキラキラしたコケの色は、落ち着いた雰囲気を好む和の情緒にぴったりだ。

このコケの持つ「わび・さびの風情」がひときわ輝くところがある。それが日本庭園、苔庭だ。道端ではコケにされがちなコケでも、日本庭園では主役級の輝きを見せる。なお、コケを庭園素材として用いるのは、日本独自の文化である。

日本庭園の雰囲気づくりにコケは欠かせないが、その一方で、日本庭園の環境がコケを豊かにしている。一つの庭園になんと100種以上のコケが生えていることも少なくない。これは、自然の風景をミニチュアで表す日本庭園では、狭い空間でも環境の変化に富み、さまざまなタイプのコケが生育できるためだ。

コケがわび・さびの風情を醸し出し、庭園のデザインがコケを豊かにする……この文化と生物の奏でる美しいハーモニーの中に、人と自然が共生するためのヒントがあるのかもしれない。

オオシッポゴケの上に散る紅葉。透き通るようなコケの緑は、わび・さびの風情を自然と醸し出す。

# ジョウレンホウオウゴケ〔浄蓮鳳凰蘚〕

*Fissidens geppii*　フィッシデンス ジェッピー　同

神社の手水舎（ちょうずや）の側面に生える。（鹿児島県、3月）

ホウオウゴケ類は数対の葉をアヤメのように扁平につけるのが特徴（p24）。本種は、水中や常に湿った岩上に生える小型のホウオウゴケで、古くなった葉はやや赤み、もしくは黄色みを帯びる。葉は楕円形で葉先は鋭頭。舷は腹翼、背翼、上翼のすべてにある。蒴は茎の先端につき、ほぼ相称Ⓐ。蒴歯は赤褐色Ⓑ。雌苞葉はほかの葉より大きい。近縁種のエゾホウオウゴケは水辺には生えない。

分布　本州～九州
中国、アジアの熱帯～亜熱帯

 和名は、最初に発見された伊豆半島の浄蓮（じょうれん）の滝に由来する。

# ホウオウゴケ〔鳳凰蘚〕

*Fissidens nobilis*　フィッシデンス ノビリス　異

やや湿った林床に多い。大型でよく目立つ。（鹿児島県、11月）

山地の地上でよく見られる大型のホウオウゴケ類。葉は対生し、18～46対の葉をつける。葉は披針形で鋭頭、上部に不規則な歯がある。乾いてもあまり縮れない。中肋は葉先に届く。葉身に比べて葉縁の細胞層が厚く、葉縁の色が濃くなって、暗い縁取りがあるように見えるⒶ。近縁種のトサカホウオウゴケ（p140）は、葉縁の細胞層が葉身のものよりも薄いため、葉縁が明るく見える。

日照　色　湿度

暗い　緑　緑　湿潤

分布　北海道～琉球、小笠原
極東ロシア、アジアの熱帯～亜熱帯、オセアニア

和名は対生した2列の葉が鳳凰（ほうおう）の尾に見えることから。

# ホウライスギゴケ〔蓬萊杉蘚〕

*Pogonatum cirratum* subsp. *fuscatum*　ポゴナトゥム キラトゥム フスカトゥム　異

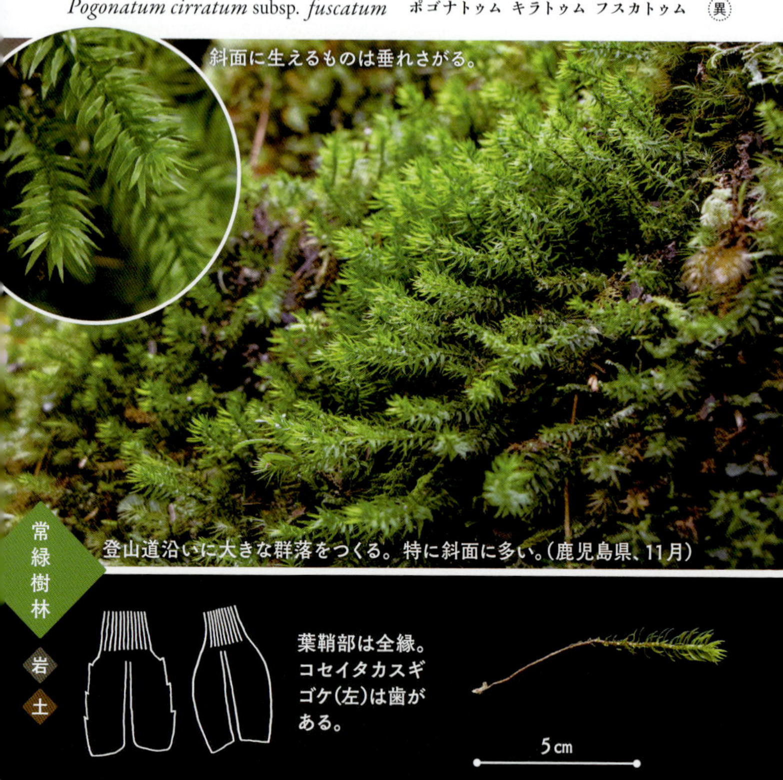


斜面に生えるものは垂れさがる。

登山道沿いに大きな群落をつくる。特に斜面に多い。(鹿児島県、11月)

葉鞘部は全縁。コセイタカスギゴケ(左)は歯がある。

山地の地上や岩上に大きな群落をつくる。葉は卵形の葉鞘部から披針形に伸び、葉の上半部には鋸歯がある。乾くと弱く巻縮。円筒形の蒴をつける。コセイタカスギゴケ(p217)に似るが、(1)葉の鞘部は全縁(コセイタカスギゴケは歯がある)、(2)より低標高に生える、ことで見分けがつく。本州中部以北ではコセイタカスギゴケが、西南日本ではホウライスギゴケが優占することが多い。

湿度
中間

分布　本州(中部地方以西)〜九州
中国、東南アジア



本種の本州における北限は、伊豆半島付近といわれている。

# ヒロハヒノキゴケ［広葉檜蘚］

*Pyrrhobryum spiniforme* var. *badakense*　ピルホブリウム スピニフォルメ バダッケンセ　異

樹幹の基部を広く覆う。ヒノキゴケよりもやや固い雰囲気。（鹿児島県、11月）

主に樹幹に生える。葉は線形～狭い披針形でⒶ、葉先は尖り、葉縁に鋭い鋸歯があるⒷ。乾いてもあまり縮れない。ヒノキゴケ(p77)との違いは、(1)ヒノキゴケより葉先が広い、(2)茎に仮根が少ない、(3)胞子体が茎の途中につくヒノキゴケに対して、本種の胞子体は茎の基部につく、の3点。なお、本種はハリヒノキゴケの変種の一つで、ハリヒノキゴケに比べて大きな苞葉を持つ。

日照：暗い　色：湿 緑／乾 緑　湿度：中間

分布　本州～琉球
中国、東南アジア

🔍変種は、独立させるほどではないが、基本種とさまざまな相違点がある種をいう。

# カマサワゴケ〔鎌沢蘚〕

*Philonotis falcata*　フィロノティス ファルカタ　異

水辺でクッション状に生える。黄緑色で見つけやすい。(福井県、4月)

水辺に生え、明るい黄緑色をしたクッション状の群落をつくる。葉は竜骨状に折り畳まれ、茎全体が角柱状になる。茎はやや赤みを帯びるⒶ。葉は広い披針形で鋭頭Ⓑ、葉縁には細かい鋸歯があり、中肋は1本で葉先近くに達する。近縁種のコツクシサワゴケの葉は折り畳まれず、乾くと強く茎に密着し、葉縁は強く外曲、中肋は葉先から短く突出する。いずれも都市から山地にかけて広く分布する。

日照　色　湿度

湿潤

分布　北海道〜琉球
アジアの温帯〜熱帯

 サワゴケ類の蒴も、タマゴケ(p130)のように球形になる。

# オオミミゴケ〔大耳蘚〕

*Meteoriella soluta*　メテオリエラ ソルタ　㊀異

木の枝から垂れさがる。湿度の高い環境に生える。(鹿児島県、11月)

木の枝などから長く垂れさがるコケ。一次茎は長くて30cm近くになり、二次茎は1～3cmほどで短い。やや光沢があり、横に開くか反り返り❹、乾いてもほとんど形は変わらない。葉は凹むがシワはなく、卵形の下部からやや急に細長く尖る❸。翼部は小耳状になって茎を抱く。中肋は2本、中部以下で終わる。近縁種のハイヒモゴケの中肋は1本で、葉の中部以上に達する。

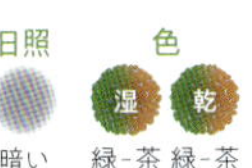

分布　本州(関東地方以西)～九州
中国、東南アジア、ヒマラヤ

和名の「ミミ」は、葉の翼部が耳状になることに由来するのだろう。

# キヨスミイトゴケ〔清澄糸蘚〕

*Barbella flagellifera*　バルベラ フラゲリフェラ　異

渓流沿いの枝。風に揺られてなかなか写真が撮れない。(福井県、12月)

木の枝などから糸状に垂れさがるコケで、絹のような光沢がある。葉は楕円形の基部から細く伸び、先は毛状になるⒶ。中肋は1本で葉の中部以上にまで達する。よく似たイトゴケは植物体がより小さい。生物顕微鏡で見ると、キヨスミイトゴケの葉の表面にはパピラが1個、イトゴケは2～4個であり、違いは明瞭。また、キヌヒバゴケは中肋を欠き、二次茎の上部では葉を扁平につける。

日照　色　湿度

暗い　緑　緑　中間

分布　本州～琉球、小笠原
中国、熱帯アジア

 和名は千葉県の清澄(きよすみ)山で発見されたことから。

# コハイヒモゴケ［小這紐蘚］

*Meteorium buchananii* subsp. *helminthocladulum* 異
メテオリウム ブキャナニー ヘルミントクラドゥルム

大きな緑色の群落がコハイヒモゴケ。石垣の表面を覆う。（静岡県、3月）

常緑樹林
岩
樹幹

木の枝や岩上から垂れさがる。葉をうろこ状につけ、やや光沢があるⒶ。茎の下部は褐色〜茶褐色。葉は舌形で深く凹むが縦ジワは不明瞭で、乾いてもほとんど縮れない。葉先はまっすぐに短く伸びて尖りⒷ、葉身部の1/5程度の長さになる。中肋は1本で葉の中部以上に達する。近縁種のハイヒモゴケの葉先は細く尖る。一方、オオハイヒモゴケの葉先は細く錐（きり）状に尖り、石灰岩上に生える。

日照：中間　色：湿 緑~黒／乾 緑~黒　湿度：中間

分布　本州～琉球
中国、朝鮮

写真は祖父の家の石垣で撮ったもの。古い石垣はコケの宝庫だ。

# タカサゴサガリゴケ〔高砂下蘚〕

*Pseudobarbella levieri*　プセウドバルベラ レヴィエリ　異

枝から長く垂れさがり、見事なコケのカーテンをつくる。(鹿児島県、11月)

木の枝などから垂れさがる大型のコケで、二次茎が長く伸び、コケのカーテンをつくることもしばしば。葉を扁平につけ、やや平たい印象がある。葉は卵形の下部から漸尖し、葉先は細く糸状に伸びるA。葉縁は波打たず、鋸歯は基部近くまで明瞭。中肋は1本で葉の中部に達する。近縁種のサメジマタスキは葉縁が明瞭に波打つ。トサノタスキゴケは二次茎の先の葉が丸くつき、紐(ひも)状になる。

日照　色　湿度

暗い　湿緑　乾緑　中間

分布　本州(神奈川県箱根以西)～琉球
中国、タイ、ヒマラヤ

 ぶらさがるタイプのコケは、空中湿度の高い環境に出現する。

# キダチヒラゴケ［木立平蘚］

*Homaliodendron flabellatum*　ホマリオデンドロン フラベラトゥム　㊄

樹幹。群生していると扇子のような形に気づきにくい。（鹿児島県、11月）

主に樹幹に生え、石灰岩地にも多い。一次茎の下部には葉をつけず、二次茎が2〜3回平らに羽状に分枝して、扇子（せんす）のような形になる❹。葉は扁平につき、楕円形〜卵形で、葉先に大きな歯がある❺。乾いてもほとんど形は変わらない。中肋は1本で中部に達する。近縁種のヒメハゴロモゴケは、(1) ずっと小型でまばらに分枝、(2) 葉は舌形で先は広い円頭、(3) 葉先は円鋸歯状になる。

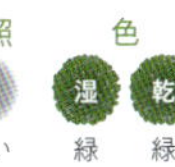

| 日照 | 色 | | 湿度 |
|---|---|---|---|
| 暗い | 湿 緑 | 乾 緑 | 中間 |

分布　本州〜琉球
朝鮮、中国、熱帯アジア

和名の「キダチ」は、樹木のように枝分かれすることを表す。

# ラセンゴケ〔螺旋蘚〕

匍匐形

*Herpetineuron toccoae*　ヘルペティネウロン トッコアエ　異

樹幹基部に生える。枝先が強く湾曲する。(京都府、3月)

常緑樹林　岩　樹幹

1 cm

一次茎は這い、二次茎は斜上する。二次茎の葉は披針形で葉先は鋭頭Ⓐ、葉縁上部には大きな歯がある。中肋は葉の上部で蛇行し、和名はこの特徴をとらえたもの。乾燥すると葉は茎について茎全体がくるりと丸くなり、その姿は日本犬の巻き尾のよう。ただし、湿ったときはすっかり伸びてしまうため、犬好きには残念かもしれない。枝先はしばしば鞭状になるⒷ。蒴は円筒形で直立。

| 日照 | 色（湿） | 色（乾） | 湿度 |
|---|---|---|---|
| 中間 | 緑 | 緑 | 中間 |

分布　本州〜琉球　世界各地



乾燥時の形に特徴があらわれるコケも多く、野外での見分けのポイントにもなる。

# ツガゴケ〔栂苔〕

*Distichophyllum maibarae*　ディスティコフィルム マイバラエ　同

湿った岩上。左下にはジャガゴケが見える。(石川県、6月)

A

B

1cm

背葉

常緑樹林

岩

土

湿った場所を好んで生える。繊細な緑色をしたコケで、葉をやや扁平につける❹。葉の形は茎につける場所によって異なり、背葉、腹葉は左右相称で楕円形、側葉は非相称でやや倒卵形。いずれも葉先は短突起になる。葉縁は全縁〜目立たない歯があり、無色の舷がある。中肋は1本で葉の4/5ほどに達する❸。近縁種のヤクシマツガゴケは大型で、茎が黒褐色、舷が黄色みを帯びる。

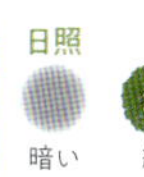

日照　暗い

色　湿 緑　乾 緑

湿度　湿潤

分布　本州〜琉球、小笠原
中国、東南アジア

ツガ（栂）の葉にそっくりというわけではないが、雰囲気はある。

# マルバツガゴケ〔丸葉栂蘚〕

匍匐形

*Distichophyllum obtusifolium*　ディスティコフィルム オブトゥシフォリウム　異

深山の渓流沿いに生える。みずみずしい。(鹿児島県、11月)

湿った場所を好む。ツガゴケ(p99)と同様に繊細な緑色だが、ひと回り大きい。葉を密に扁平につけ、全体的に丸味を帯びてかわいらしいⒶ。葉は倒卵形、葉先は円頭～鈍頭、わずかに短突起になることも。舷は葉先まで明瞭。葉は乾くと縮れる。中肋はやや黄色みを帯び、葉長の1/2～2/3まで伸びる。近縁種のフチナシツガゴケはややまばらに葉をつけ、葉は倒卵形～舌形。葉先に舷はない。

日照　色　湿度

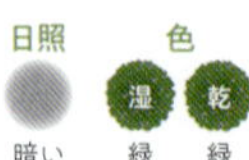

暗い　湿 緑　乾 緑　湿潤

分布　九州～琉球

 透き通るような緑色をしており、大型のタイ類のようにも見える。

# アブラゴケ〔油蘚〕

匍匐形

*Hookeria acutifolia*　フッカーリア アクティフォリア　同

透明感のある群落が目を引く。（鹿児島県、11月）

淡緑色の柔らかい色をしたコケ。葉身細胞が大きく、ルーペでも細胞の形がわかるほど。葉は卵形で葉先は広く尖り、全縁Ⓐ。乾くとやや縮れる。中肋はない。葉先に紡錘（ぼうすい）形（円柱の両端が尖った形）の無性芽を豊富につけるⒷ。気候によって個体サイズが大きく異なり、暖かい地方では10cm近くになることも。よく似たイバラゴケ（別名ケムシゴケ）の茎は褐色の仮根で覆われる。

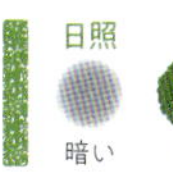


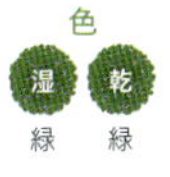

分布　北海道〜琉球、小笠原
東アジア、北・南米、ハワイ

和名は、葉の表面に油が塗られているようにツヤがあることから。

# アカイチイゴケ〔赤一位蘚〕

匍匐形

*Pseudotaxiphyllum pohliaecarpum*　プセウドタクシフィルム ポーリアエカルプム　異

斜面に生える。紅色を帯びていない群落。（京都府、3月）

滑らかな群落をつくり、紅色を帯びることが多い❸。葉は卵形で非相称。和名はイチイの葉を広くしたような葉形から。葉先は広い鋭頭で❷、上部に細かい鋸歯がある。中肋は2本で短い。葉縁にねじれたおしぼり状の無性芽をつける（図）。紅色にならない個体❶はヒダハイチイゴケ、ヒゴイチイゴケに似るが、無性芽の形で見分けがつく。前者の無性芽は短く太く、後者は不揃いな卵形～球形。

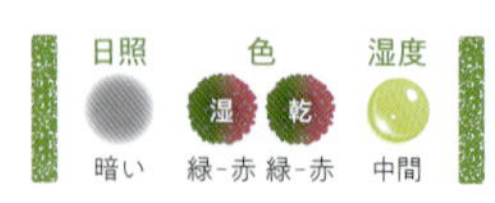


分布　本州～琉球、小笠原
アジアの熱帯～亜熱帯

 苔庭で秘かにコケ地をつくるが、目立たないので話題に上ることは少ない。

# オオシラガゴケ〔大白髪蘚〕

*Leucobryum scabrum*　レウコブリウム スカブルム　異

大型でよく目立つ。倒木から垂れさがって生えることも。(鹿児島県、11月)

常緑樹林

岩

倒木

白緑色の大きなコケ。同属のホソバオキナゴケ (p80) などのようにクッション状の群落をつくらず、個体のサイズも大きい。葉は披針形で葉先は細く尖り、葉の中部～上部の細胞には大型のトゲ状のパピラがあってざらつくA。乾いてもほとんど形は変わらない。温暖な地域に生えるアラハシラガゴケ (p80) は、オオシラガゴケのように大きくなることがあるが、葉のパピラに注目すれば見分けは容易。

日照　色　湿度

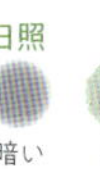

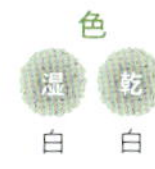

暗い　白　白　中間

分布　本州～琉球
アジアの熱帯

琉球にはさらに大きな日本産最大のシラガゴケ「ジャバシラガゴケ」がある。

# ムジナゴケ〔狢蘚〕

匍匐形

*Trachypus bicolor*　トラキプス ビコロラ　(異)

山地の岩上に群生。一次茎でつながった大きな群落をつくる。(長野県、7月)

一次茎は這い、二次茎は立ち上がる。二次茎上部の葉は明るい緑色だが下部では黒くなるⒶ。この姿を足が黒色～褐色になるムジナ(アナグマ)に例えたのだろう。葉は卵形の下部から漸尖しⒷ、葉先は毛状で透明になることがある。葉縁には目立たない円鋸歯がある。葉身細胞には多くのパピラがあり、葉色はやや乳白色を帯びる。近縁種のホソムジナゴケはずっと小型で、植物体はあまり黒くならない。

日照

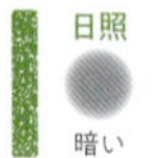

暗い

色

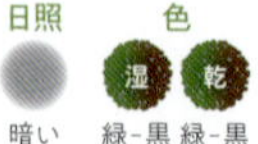

湿　乾

緑-黒 緑-黒

湿度

中間

分布　本州(中部地方以西)～九州
アジアの熱帯～亜熱帯

 ムジナは、多くの場合ニホンアナグマのこと。イタチ科でタヌキに似ている。

# ミノゴケ〔蓑鮮〕

*Macromitrium japonicum*　マクロミトリウム ヤポニクム　異

実家の庭石にて。蓑（みの）のようなフサフサの帽をつける。（静岡県、1月）

帽にフサフサの長毛をつける姿は、まるで蓑(みの)をかぶったようⒶ。茎は這い、斜上する短い枝を出す。葉は舌形で葉先は円頭～鈍頭、葉の上部は竜骨状に凹む。葉は乾くと強く巻縮するが、湿っても葉先は腹側に曲がったままⒷ。中肋は葉先近くに達する。近縁種のリュウキュウミノゴケは、葉先が漸尖して腹側に曲がらない。ケミノゴケも葉先が曲がらないが、短く尖ることで見分けられる。

日照　色　湿度

中間　湿 緑　乾 緑　中間

分布　北海道～琉球、小笠原
東アジア

別名はヤマトミノゴケ、カギバダンツウゴケ、マキノミノゴケ、シコクミノゴケなど。

# オオタマコモチイトゴケ〔大玉子持糸蘚〕

匍匐形

*Clastobryopsis robusta*　クラストブリオプシス ロブスタ　異

常緑樹林　樹幹

Ⓐ

並んで生える姿。なんだか楽しそう。（鹿児島県、11月）

やや扁平に葉をつける。枝は直立～斜上し、枝先はやや太くなって犬の尾のようになる。ラセンゴケ（p98）が犬の巻尾なら、こちらは太刀尾（ピンと立つ尾）といったところか。葉は披針形で葉先は鋭頭Ⓐ、基部は透明～褐色で広く下延する。中肋は2本で短い。なお、枝の中部～上部の葉腋には、褐色で糸状の無性芽をつける。近縁種のナガスジコモチイトゴケの中肋は1本で葉の中部に達する。

日照

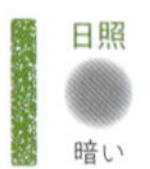

暗い

色

湿 緑　乾 緑

湿度 中間

分布　本州～九州
中国、熱帯アジア

 ネズミ、リス、イタチ、トラ、龍など動物の尾にちなんだコケ名は多い。

# ミスジヤバネゴケ［三筋矢羽蘚］

匍匐形

*Clastobryum glabrescens*　クラストブリウム グラブレスケンス　同

木の幹よりも枝を好む。横から見る姿も端正だ。（鹿児島県、11月）

茎は這い、約1cm以下の短い枝を上方に出す。枝に光沢のある葉を密に規則正しく3列につけるのが特徴Ⓐ。一糸乱れぬ葉の配列から、枝先から見ると3枚の羽根のプロペラのようⒷ。葉は披針形で凹み鋭頭、上部に細かい鋸歯があり、中肋はない。枝先近くの葉腋に糸状の無性芽をつける。近縁種のイボミスジヤバネゴケの葉は弱く3列に並び、糸状の赤色をした無性芽を持つ。

日照

暗い

色

湿 緑　乾 緑

湿度

中間

分布　屋久島
中国、フィリピン、ボルネオ

樹幹では、地上から離れるにつれて、出現種が大きく変わる。

# イトヒキフデノホゴケ〔糸引筆之穂蘚〕

匍匐形

*Isocladiella surcularis*　イソクラディエラ スルクラリス　異

木の枝先にところ狭しと密に生える。
長い鞭枝が目立つ。
（鹿児島県、11月）

茎は這い、枝を羽状に上方に向かって出す。枝先にしばしば小さな葉をつけた糸状の鞭枝をつけるのでⒶ、他種と見分けやすい。葉は枝に丸くつくことが多く、卵形で深く凹み、全縁。先は急に細くなって広く尖る。中肋を欠くか不明瞭。なお、鞭枝は無性芽としての役割や、基物に接着するためなどに使われる。樹上に生え、基物と反対方向に鞭枝を出す本種では、前者の役割を担っている。

日照

暗い

色

緑　緑

湿度

中間

分布　本州（千葉県以西）～琉球
東南アジア、スリランカ、豪州


和名の「イトヒキ」は、糸状の鞭枝にちなむ。

# エダウロコゴケモドキ〔枝鱗蘚擬〕

羽状形

*Fauriella tenuis*　フォーリーラ テヌイス　異

樹幹基部にて。細胞にパピラがあり、植物体はやや不透明。(北海道、9月)

やや白みを帯びた細いコケでⒶ、ほかのコケ群落に混生していることも多い。背面の中央に1個の大きなパピラがあるため、葉色はやや乳白色を帯びる。乾くといっそう白みが強くなる。葉は広い卵形で葉先は急に細く尖りⒷ、全周にわたって小さな円鋸歯がある。中肋は非常に短く、ときに欠くことも。レイシゴケ属のコケに似るが、レイシゴケは石灰岩地に、カイガラゴケは高地に生える。

| 日照 | 色 | | 湿度 |
|---|---|---|---|
| 暗い | 湿 緑 | 乾 白 | 中間 |

分布　北海道〜琉球
東アジア、フィリピン

パピラの有無は、葉の色(すりガラス状でやや乳白色)や光り方で判断できる。

# トサホラゴケモドキ〔土佐洞苔擬〕

茎葉体（丸葉）

*Calypogeia tosana*　カリポゲイア トサナ　同

林床の土上。アカイチイゴケが混生する。（京都府、3月）

植物体は白緑色。葉は倒瓦状に重なりⒶ、舌形。先端に2歯あるが、まれに鋭頭〜円頭になることも。腹葉は茎幅の約2倍の幅で大きく2裂し、しばしばその裂片がさらに小さく2裂するⒷ。なお、徒長した茎の先端にぼんぼりのように無性芽をまとめてつける。近縁種のチャボホラゴケモドキはサイズが小さく、葉はほぼ接在する。和名はシダ類の「ハイホラゴケ」などに由来するのだろう。

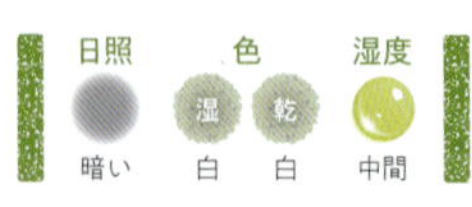


分布　北海道〜琉球
東アジア、ハワイ

 「トサ」は、高知出身の植物学者・牧野富太郎博士(1862-1957)に採取されたことにちなむ。

# コマチゴケ〔小町苔〕

*Haplomitrium mnioides*　ハプロミトリウム ムニオイデス　異

林床にも生えるが、水辺に多い。大群落になることも。(鹿児島県、11月)

全体的に丸味を帯びるA。葉を3列（背葉1列、側葉2列）につけ、背葉、側葉ともに円形〜楕円形で円頭、全縁。ただし、背葉は側葉より著しく小さいB。茎は匍匐する地下茎を持ち、地下で複数の個体がつながっている。雌雄異株で、雄株は造精器と苞葉を茎の先端にまとめてつけ、雄花盤をつくる。近縁種のキレハコマチゴケは、背葉と側葉がほぼ同じ大きさで高山に生えるが、極めてまれ。

日照

暗い

色

緑　緑

湿度

湿潤

分布　本州〜琉球
東アジア

「コマチ」は、そのたおやかな姿を、絶世の美女とされる「小野小町」に重ねて。

# ヒメウルシゴケ〔姫漆苔〕

茎葉体（丸葉）

*Jubula japonica*　ユブラ ヤポニカ　同

湿った岩上。葉の長歯は折れている場合も。（福井県、3月）

植物体は黄緑色～緑色で、不規則に羽状に分枝する。葉は倒瓦状につきⒶ、背片と腹片に不等に2裂して腹片は小さな袋状になる。背片は卵形で先は細く尖り、4～12個の長歯がある。腹葉は2裂し、縁に10～20個の長歯が発達するⒷ。近縁種のジャバウルシゴケは(1)濃緑色～青緑色で、(2)背片の縁はほぼ全縁、もしくは1～2個の長歯があり、(3)腹葉の縁に1～4個の長歯があることで見分けがつく。

日照　色　湿度

暗い　緑　緑　中間

分布　北海道～琉球、小笠原
東アジア

 和名は葉の表面のツヤを漆（うるし）の光沢に例えたのだろう。

# チャボクサリゴケ〔矮鶏鎖苔〕

植物体（丸葉）

*Cheilolejeunea obtusifolia*　ケイロルジュネア オブトゥシフォリア　同

湿ると葉がやや立つ。ルーペで見るとわかりやすい。（福井県、3月）

植物体は灰緑色〜明るい緑色で、岩や樹幹に着生する。葉は不等に2裂し、背片とポケット状の腹片に分かれる。背片は卵形で鈍頭、全縁Ⓐ。葉縁は細長い細胞で縁取られ、湿るとやや背方に偏向する。腹片は卵形で大きく、背片の1/2以上の長さ。腹葉は茎の2〜3倍の幅で円形、約2/5まで2裂するⒷ。近縁種のシゲリゴケの背片は円頭で、湿っても背方に偏向しない。腹片は背片の約1/2の長さ。

日照　色　湿度

暗い

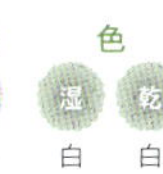

白

白

中間

分布　北海道〜琉球
朝鮮

「チャボ」は「ヒメ」、「ノミ」と同様、「小さい」という意味で使われる。

# ナガシタバヨウジョウゴケ〔長舌葉葉上苔〕

茎葉体（丸葉）

*Cololejeunea raduliloba*　コロルジュネア ラドゥリロバ　㊐

都市の公園にて。ピタッと貼りついた群落。（京都府、3月）

ヒメクサリゴケ属のコケで都市部に生育していることも。葉は倒瓦状について2裂し、背片は卵形で円頭、全縁Ⓐ。腹片は常に舌形になり、長さが幅の2～3倍程度。腹葉はないⒷ。近縁種のヤマトヨウジョウゴケの腹片は、一つの個体の中でもポケット状～舌形と形がさまざまに変化する。また、ヒメクサリゴケは背片が長い楕円形で、背側にやや反り返ることで見分けがつく。

日照

暗い

色

湿 乾
緑 緑

湿度

中間

分布　本州（関東地方以西）～琉球
東アジア～東南アジア

 クサリゴケ科のタイ類では、蒴内にあるときから胞子の生長が始まる種もある。

# ヤマトコミミゴケ［大和小耳苔］

*Lejeunea japonica*　ルジュネア ヤポニカ　㊐

湿った岩の上に生える。葉はわずかにキラキラする。（福井県、3月）

植物体は基物にピタリとつき光沢がある。葉は不等に2裂し、腹片は小さく、背片の1/5〜1/4の長さでポケット状。背片は卵形で鈍頭〜円頭、全縁Ⓐ。腹葉は横に広く、茎幅の2〜3倍、葉長の1/2程度まで広いV字形に2裂するⒷ。近縁種のサワクサリゴケの腹片は極めて小さく、湿った岩の上や流水中に生える。また、カマハコミミゴケの背片はやや鎌形に曲がり、腹葉は長さと幅がほぼ同じ。

分布　北海道〜琉球、小笠原
朝鮮

クサリゴケ科のコケは日本に130種以上。小さな種が多く野外での同定は難しい。

# カビゴケ〔黴苔〕

茎葉体（丸葉）

*Leptolejeunea elliptica*　レプトルジュネア エリプティカ　同

常緑樹の葉上。ほかのクサリゴケ科のコケとともに生える。（鹿児島県、11月）

明るい緑色をしたコケで、常緑樹やシダの葉の上などに生える葉上苔の代表種。姿は小さくとも独特な強い芳香があり、この香りで存在がわかるほど。背片は離生して湿るとやや立ち上がり、長い楕円形で全縁A。顕微鏡で見ると、周りの細胞と色が違う細胞（眼点細胞）が見えるB。腹片は楕円形で大きく背片の約2/3の長さ。葉先は切頭。腹葉は広く2裂し、裂片は三角形で角のように細く尖る。

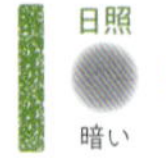
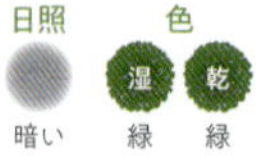

| 日照 | 色 | 湿度 |
|---|---|---|
| 暗い | 湿 緑 / 乾 緑 | 中間 |

分布　本州（福島県以南）～琉球
ほぼ世界の熱帯、亜熱帯

 カビのような不快な匂いではなく、さわやかな柑橘系の香りに近い。

# オオウロコゴケ〔大鱗苔〕

*Heteroscyphus coalitus*　ヘテロスキフス　コアリトゥス　異

湿った地上を好む。平たい長方形の葉が特徴的。（鹿児島県、11月）

湿った岩や倒木上などに生え、淡緑色～明るい緑色。葉はほぼ対生し、長方形。葉先は切頭～凹頭で通常2歯あるがⒶ、水辺に生える個体は歯を欠くことも。腹葉の幅は茎の2倍、三角形の歯が4個あり、基部は葉とつながるⒷ。近縁種のウロコゴケの葉はほぼ舌形で、葉先の歯は0～10個で大きさがほぼ同じ。ツクシウロコゴケは歯の大きさが不揃い。いずれも腹葉は葉とつながらない。

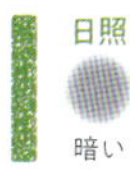


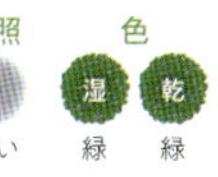

分布　北海道～琉球
東アジア～豪州

和名は、小さな葉を魚の鱗（うろこ）になぞらえたもの。

# クビレケビラゴケ〔括毛平苔〕

茎葉体（丸葉）

*Radula constricta*　ラドゥラ コンストリクタ　異

樹幹にて。無性芽をよくつけるため、肉眼でもわかりやすい。（京都府、3月）

基物に密着し、葉は2裂して折り畳まれ、大きな背片と小さなポケット状の腹片になる。腹葉はないC。背片は楕円形で円頭、腹片は方形でいずれも全縁。背片の縁に円形の無性芽を豊富につけるAB。近縁種のヤマトケビラゴケは青緑色で無性芽がない。また、雌雄異株のこれらの2種とは異なり、ミヤコノケビラゴケは雌雄同株。背片の背縁基部にしばしば小さな突起を持つ。

日照

中間

色

湿 緑

乾 緑

湿度

中間

分布　北海道〜九州、小笠原
東アジア〜ヒマラヤ

 科・属名は蘚類研究の先駆者・飯柴永吉氏（1873-1936）によるが、由来は不明。

# オオホウキゴケ［大箒苔］

*Solenostoma infuscum*　ソレノストマ インフスクム　異

裸地に多い。赤色を帯びているときはよく目立つ。(長野県、11月)

しばしば赤色を帯びる。葉は密に重なって瓦状につく。葉は舌形で円頭、全縁Ⓐ。仮根は多く、無色〜紫色。ツボミゴケ属のコケは花被に特徴が表れやすい。本種の場合、花被は円錐形で数稜あってねじれ、雌苞葉からあまり突出しないⒷ。ホウキゴケの仲間は微かな芳香を持つことがあり、オオホウキゴケはやや甘い香りがする。近縁種のツクシツボミゴケの葉は卵形で、花被は不明瞭な3稜。

日照　色　湿度

中間　湿 緑-赤　乾 緑-赤　中間

分布　本州〜九州
東アジア

和名は、花被の形が箒(ほうき)に見えるためだろう。

# ヤクシマゴケ〔屋久島苔〕

茎葉体（裂葉）

*Isotachis japonica*　イソタキス ヤポニカ　異

湿った地上に大きな群落をつくる。全体が紫色の個体。（鹿児島県、11月）

やや標高が高い地域の明るい水辺に生育する。日本では屋久島のみに分布。屋久島内ではまれではない。植物体は明るい緑色Aから紅色、暗紫色を帯びた個体までさまざまな色調。葉は倒瓦状に重なり、横に広く開出し卵形。葉は浅く2裂して中央がくぼんだ凹面状になる。葉縁には鋸歯が目立ち、背縁は全縁～数個、腹縁に2個～数個の歯がある。腹葉は重なって浅く2裂し、裂片に鋸歯を持つB。

日照  明るい

色  湿 緑-赤　乾 緑-赤

湿度  湿潤

分布　屋久島
東アジア～東南アジア

 蘚苔類研究の先駆者・岡村周諦博士（1877-1947）により屋久島から初めて報告された。

# ムチゴケ［鞭苔］

*Bazzania pompeana*　バッザーニア ポンペアナ　(異)

樹幹基部を広く被う。（石川県、12月）

腹面から鞭のような鞭糸を出すムチゴケ類の一種でⒶ、葉先には明瞭に3歯ある。低地ではほかにコムチゴケ、ヤマトムチゴケも多い。ムチゴケ類の見分けの決め手は腹葉の形（図）。(1) ムチゴケの腹葉は白っぽく丸味を帯びた方形で、先端の歯が細かく裂ける、(2) コムチゴケの腹葉は白っぽく先端が鈍頭～全縁、(3) ヤマトムチゴケの腹葉は緑色で、先端がやや外曲し、歯がある。

日照

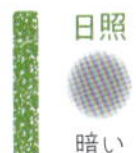

暗い

色

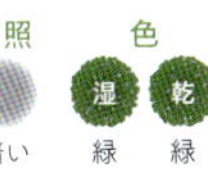


緑　緑

湿度

中間

分布　本州～琉球
東アジア

別名オオムカデゴケ。たしかにムカデのよう。嫌いな人は苦手かも。

# フォーリースギバゴケ〔ふぉーりー杉葉苔〕

*Lepidozia fauriana*　レピドジア フォーリアナ　異

枝先に大きな水滴をつける姿がみずみずしい。（鹿児島県、11月）

湿った岩や腐植土上に生育し、植物体は鮮緑色～黄緑色。葉が茎の幅の約1/2程度と小さく、著しく離在するため、葉がなく茎だけのように見えるⒶ。葉はやや深く3～4裂し（葉の1/3～2/3程度）Ⓑ、裂片の基部は狭い。和名の「フォーリー」は、初めてこの種を採取したフランス人神父Urbain Faurie（1847-1914）に由来。温暖な地域に分布し、日本では南九州から琉球に見られる。

日照　　暗い

色　　湿 緑　　乾 緑

湿度　中間

分布　南九州、琉球
東アジア～東南アジア

 フォーリーが採取した標本が基準となる種は多い。クジャクゴケ（p154）なども。

# オオサワラゴケ［大椹苔］

*Mastigophora diclados*　マスティゴフォラ ディクラドス　㊧異

ごく限られた地域にのみ分布する。なかなか出会えない。(鹿児島県、11月)

熱帯に広く分布し、植物体は緑褐色。茎は斜上して密に2回羽状に分枝する。枝先は鞭枝(べんし)状になり、表面には毛葉があるⒶ。茎葉体タイ類の中では大きく、茎は10㎝近くになる。葉は倒瓦状について扁平に展開するⒷ。葉長の約1/3程まで3～4 裂し、裂片は三角形で全縁。葉の基部には披針形の突起（付属物）がある。腹葉は楕円形で約1/2ほどまで2 裂し、裂片は狭い三角形で、全縁。

日照　色　湿度

暗い　湿 緑　乾 緑　中間

分布　本州（和歌山県）、高知県、南九州、奄美大島
東アジア～東南アジア、太平洋諸島、アフリカ

オオサワラゴケ属のコケは雲霧林で大群落を形成する。

# ウツクシハネゴケ〔美羽根苔〕

茎葉体（裂葉）

*Plagiochila pulcherrima*　プラギオキラ プルケリマ　異

ふんわりとして大きく美しい。人気も高い。（鹿児島県、11月）

屋久島に多く生育。「ウツクシ」は美し。種小名もラテン語で「美しい」の意味。植物体は羽状で扇子のように広がるⒶⒷ。美しい姿とは裏腹に、茎は多くの毛で覆われている。葉は倒卵形で背縁は外曲し、葉先は円頭。葉縁には1～4歯あって、背縁基部は長く茎に流れる。腹縁には3～6歯発達する。トサハネゴケも羽状に分枝するが茎に毛葉がなく、ムチハネゴケは不規則に分枝し樹状になる。

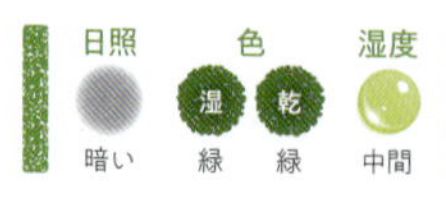


分布　本州（高知県・南九州）、琉球
中国

 屋久島は、ウワバミゴケ（蟒蛇苔）など国内の他地域で見られない種も多い。

# コハネゴケ［小羽根苔］

*Plagiochila sciophila*　プラギオキラ スキオフィラ　異

葉縁の歯が目立つ。

岩上の群落。茎だけになってしまった個体も。(長野県、11月)

ハネゴケ属のコケは鳥の羽根のような形をしている。本種は明るい緑色でややツヤがあり、葉を落として茎だけになってしまうこともある。葉は円形〜卵形、葉縁の歯が大きく長毛状に伸びるがⒶ、変異が大きい。近縁種のキハネゴケは葉が離在し、葉は横長の長方形で、歯は先端に限られる。また、マルバハネゴケの葉は卵形で円頭、背縁は著しく外曲して、葉縁には小さな歯が並ぶ。

| 日照 | 色 | | 湿度 |
|---|---|---|---|
| 暗い | 湿 緑 | 乾 緑 | 中間 |

分布　本州〜琉球、小笠原
東アジア

シーボルト (1796-1866) が採取した標本をもとに新種として記載された。

# ヒメミズゴケモドキ〔姫水苔擬〕

*Pleurozia acinosa*　プレウロジア　アキノサ　(同)

不稔の花被だらけの群落。コケに見えないかも。(鹿児島県、11月)

森林内の樹幹に着生してやや赤色を帯びる。葉は茎の上部で2裂して、背片と腹片に分かれる。腹片は舌形で葉縁は全縁、円頭。背片は二型あり、一つは腹片に似るがやや小型の仏炎苞状Ⓑ、もう一つは袋状になる（図）。また、受精後にできる花被は長い紡錘形で稜が多いが、不捻（未授精）のものは、稜がなく円筒形Ⓐ。近縁種のヤクシマミズゴケモドキは腹片の先が鋭頭で、1〜2歯ある。

分布　屋久島
台湾、東南アジア

 円筒形をした不捻の花被ばかりになることも。

# ノコギリコオイゴケ〔鋸子負苔〕

*Diplophyllum serrulatum*　ディプロフィルム セルラトゥム　同

山地の土手に生える。「ノコギリ」は鋸歯の形に由来。(愛知県、3月)

土手などに群生し、明るい緑色～黄褐色。植物体は斜上し、仮根は少ない。葉は小さな背片と大きな腹片に2裂しⒶⒷ、腹片は長い舌形でやや曲がり鋭頭、葉縁に細かい鋸歯がある。背片は腹片の1/2の長さで鋭頭。近縁種のホソバコオイゴケはより高標高域に分布、背片は大きく、腹片の2/3～3/4長。マルバコオイゴケとマルバコオイゴケモドキの葉は円頭、前種は全縁、後種は歯がある。

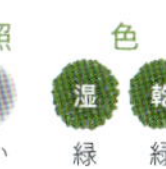

分布　本州～九州
東アジア

「コオイ」は、大きな腹片が小さな背片を背負っているように見えることから。

# ケゼニゴケ〔毛銭苔〕

葉状体

*Dumortiera hirsuta*　デュモルティエラ　ヒルスタ　同

湿った土上。剛毛の生えた雌器床をつける。(愛知県、3月)

低地の湿った地面や岩上に生育する。葉状体の背面に小さな細胞列が糸のように並び(同化糸)、白い毛のように見える。また、気室(気体の交換などを行う組織)の壁が白く浮き出て亀甲模様になる❸。雌器床、雄器床とも円盤形。雌器床の表面は長毛が密生するが❹、雄器床は周囲に毛が生えるのみ❺。ケゼニゴケには3つの亜種(ケクビゼニゴケなど)があるが、これらをまとめてケゼニゴケとして紹介。

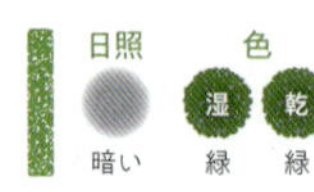


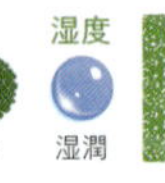


湿度：湿潤

分布：本州～琉球、小笠原
世界各地

 雄器床(雄)は毛が少なく、雌器床(雌)は毛が多いのは少々切ない。

# アズマゼニゴケ〔東銭苔〕

葉状体

*Wiesnerella denudata*　ウィーズナーエラ デヌダタ　同

やや光沢がある。半球形のものは雌器床。(福井県、3月)

林床などの日陰を好み、特に水辺に多い。葉状体には光沢があり、縁は多少波状にうねる。腹鱗片は透明で広い三日月形、円形の付属物を持つ。仮根は淡い褐色。雌雄同株で、雌器托は秋から冬にかけて葉状体の先端にでき、春に白色の托柄を伸ばす。雌器床は半球形で浅く5〜7裂し、托柄は3〜5cmほどA(写真は托柄が伸びきっていない)。雄器托は雌器托のすぐ後ろか葉状体の先端にあり無柄。

分布　本州〜琉球
東アジア〜東南アジア、ヒマラヤ、ハワイ

「アズマ」は東国の意味だが、本種はむしろ西日本に多い。

# タマゴケ〔玉蘚〕

*Bartramia pomiformis*　バートラミア ポミフォルミス　同

春に目玉のようなかわいらしい形の蒴をつける。(福井県、4月)

植物体は中型で明るい緑色。葉は卵形の下部から披針形に細く伸び、葉縁には対になった鋭い鋸歯がある。葉は乾くと強く巻縮。中肋は1本で葉の先端から短く突出する。蒴はきれいな球形で目玉のようⒶ。茎は褐色の仮根に覆われる。高地には近縁種のコウライタマゴケが生えるが、ずっと小型で1〜3cm程度。葉は乾いても曲がらない。クモマタマゴケは蒴柄が短く、蒴は葉からわずかに外に出る。

分布　北海道〜九州
北半球

 英語では 蒴を青りんごに例えて、“Apple moss”という。

# サワゴケ〔沢蘚〕

*Philonotis fontana*　フィロノティス フォンタナ　異

種小名 *fontana* が泉を表すように、湿った環境に生える。(長野県、11月)

山地の渓流沿いや湿地に黄色〜黄緑色の大きな群落をつくり、茎の中部以下は褐色の仮根で覆われる。葉は披針形で葉先は尖る。葉縁は平坦〜弱く外曲して双生の歯(歯が上下に重なったもの)があり、中肋は明瞭で葉先に達して短く突出するB。蒴は球形A。雌雄異株で、雄株は茎の先端に雄花盤をつくり、まるで花が咲いているようC。近縁種はカマサワゴケ(p92)を参照。

日照　色　湿度

明るい　黄　黄　湿潤

分布　北海道〜九州
北半球

体表全体が水で覆われると光合成の速度が低下するため、水をはじくコケもある。

# ユミダイゴケ〔弓台蘚〕

*Trematodon longicollis*　トレマトドン ロンギコリス　㊐

大学構内の群落。裸地に群生して多くの胞子体を出す。(福井県、5月)

開けた地上に生え、都市近郊にも広く分布する。茎は短く10㎜以下と小さいが、雌雄同株で胞子体をよくつけ、頸部(蒴の下部)が発達して目立つため見つけやすい。蒴柄は黄色。蒴は円筒形でⒶ、長い頸部には多数の気孔(きこう)がある。葉は幅広い葉鞘から線状に伸び、全縁。中肋は1本で太い。近縁種のキンシナガダイゴケは蒴の頸部と壺がほぼ同じ長さで、冷涼な地域に生える。

湿度　中間

分布　北海道〜琉球、小笠原
朝鮮、ユーラシア、北・南米

 頸部の長さやふくらみの程度は、生育場所によって著しく変化する。

# エビゴケ〔海老蘚〕

*Bryoxiphium norvegicum* subsp. *japonicum*　異
ブリオクスシフィウム ノルウェギクム ヤポニクム

渓流の岩壁に生育。梅雨どきから晩秋は輝くように美しい。(北海道、7月)

岩壁(特に火山岩)を好んで生える。植物体には光沢があり、やや銀白色をしている。生き物の名前を持つコケはいろいろあるが、想像力を働かせないと、由来となった生き物と結びつかないことも多い。しかし、エビゴケは違う。苞葉から芒状に伸びた中肋を触角に、基部で2枚に重なる葉を外骨格に見立てると、エビの姿が浮かび上がってくるⒶ。蒴は茎の先端につき、卵形で直立する。

日照　色　湿度

中間　白　白　中間

分布　北海道～九州
極東ロシア、朝鮮、中国、フィリピン、インドネシア

北米では、エビゴケ類の分布は氷河があった地域の周辺部に限定されるという。

# ススキゴケ〔薄蘚〕

*Dicranella heteromalla*　ディクラネラ ヘテロマラ　異

胞子体を持つ個体。蒴柄は垂れ、やや曲がりくねる。（長野県、9月）

登山道の脇などで緑色〜黄緑色のやや光沢のある密な群落をつくる。葉は三角形の基部から漸尖して芒状に長く伸び B、上部には鋸歯がある。中肋は太く、葉の基部では葉幅の1/3ほどあり、葉身上部では大部分を占める。蒴柄は黄色みを帯び、乾燥時もややねじれているが、湿ると下向きに強く曲がりくねる A。蒴は傾き非相称。乾くと蒴の先端（蒴口）は斜めになる C。

分布　北海道〜琉球
北半球

 和名は葉の先が芒状に長く伸び、姿がススキに似ていることから。

# ヒロハススキゴケ〔広葉薄蘚〕

*Dicranella palustris*　ディクラネラ パルストリス　異

水辺に生える。葉が反り返る姿が特徴的。（長野県、10月）

水際などの湿った地上に生え、大形で明るい緑色をしている。茎は直立し、葉は幅広い葉鞘から披針形に伸び、規則的に背方に反り返るⒶ。葉先はやや丸味を帯び、葉縁はほぼ全縁。中肋は1本で細く、葉先近くに達する。福島県の猪苗代湖では、湖水の流れによって本種がマリモのように丸められて「マリゴケ」ができる。1935年（昭和10年）に天然記念物に指定されている。

分布　北海道〜九州
中国、シベリア、欧州、北米

マリゴケをつくるコケは、複数種知られている。

# ヒメカモジゴケ〔姫髭蘚〕

*Dicranum flagellare*　ディクラヌム フラゲラレ　異

倒木上の密な群落。右下には胞子体が見える。(北海道、11月)

上部の葉腋に小さな葉をつけた小枝状の無性芽を持つ❹。葉は狭い披針形で❸葉先近くに小さな歯があり、乾くと強く巻縮する。中肋は太く、葉の基部の幅の1/7〜1/5を占める。蒴は直立して相称。コカモジゴケも小枝状の無性芽を持つが、葉縁では円鋸歯〜鋸歯がやや目立ち、中肋が太い(1/5〜1/4幅)。よく似たチヂミバコブゴケも乾くと強く巻縮するが、葉は葉鞘から線形に伸びる。

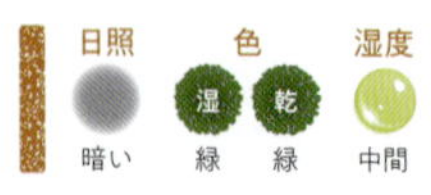


分布　北海道〜九州
東アジア、欧州、北米、カナリア諸島、アフリカ

 無性芽にはいろいろな形があり、種の同定の決め手となることもある。

# シッポゴケ〔尻尾蘚〕

*Dicranum japonicum*　ディクラヌム ヤポニクム　異

林床に大きな群落をつくる。冷涼な地域に多い。(長野県、9月)

大形のシッポゴケ類で、茎に白色の仮根を豊富につける。本種は乾くと葉を茎に直角に近い角度で開出するのが特徴。葉は狭い披針形でⒶ、葉先は漸尖して細く尖りⒷ、葉縁の上部には鋭い鋸歯がある。中肋は1本で長く、葉先に達する。近縁種のカモジゴケは乾くと葉が一方向に鎌形に曲がり、仮根は褐色。また、オオシッポゴケ(p69)は葉先がより広く尖ることで区別できる。

日照　色　湿度

暗い

湿 緑　乾 緑

中間

分布　北海道〜九州
朝鮮、中国

一般にオオシッポゴケよりシッポゴケのほうが大きい。和名だとよく混乱する。

# イクビゴケ〔猪首蘚〕

*Diphyscium fulvifolium*　ディフィスキウム フルウィフォリウム　異

胞子体は土の上に麦粒をまいたよう。(鹿児島県、11月)

茎は非常に短く、蒴がないときはほとんど目立たない。葉は広い披針形で、葉先は短突起になる。乾くと強く巻縮する。パピラがあるため、葉色はやや暗いⒶ。上部の葉では中肋が長く芒状に突出し、蒴に接する苞葉の上部には毛状の突起が発達する。蒴の形をイノシシの頭部見立てたのが和名の由来。近縁種のミヤマイクビゴケの葉は漸尖し、リュウキュウイクビゴケの葉は乾いても縮れない。

日照　色　湿度

中間　緑　緑　中間

分布　本州〜琉球
朝鮮、中国、フィリピン

 イクビゴケの蒴は急激に収縮して中の空気を押し出し、胞子を勢いよく放出する。

# アオゴケ［青蘚］

*Saelania glaucescens*　サエラニア グラウケスケンス　同

渓流沿いなど、湿度が高い環境を好む。（長野県、11月）

青色というより、淡いエメラルドグリーン色。繊細な色をしていて美しい。この色について以前は菌糸によるものだと思われていたが、現在は特殊な化学物質によるものだと考えられている。葉は披針形でⒶ、茎上部の葉は下部の葉よりも大きくなる。葉先は細く鋭頭になり、上半部には小さな鋸歯があるⒷ。中肋は1本で葉先から短く突出する。蒴は円筒形、乾くと多少シワが寄る。

分布　北海道、本州
世界各地

俳句で「青苔」は夏の季語だが、アオゴケの和名は単に青いコケという意味。

# トサカホウオウゴケ〔鶏冠鳳凰蘚〕

*Fissidens dubius*　フィッシデンス ドゥビウス　異

湿った岩上。林床に生えるが、水辺にも多い。(北海道、9月)

最もよく見かけるホウオウゴケ類の一種。林内の地上から、ときに樹幹にまで生えることも。葉は披針形で鋭頭Ⓐ。葉身と比べて葉縁の細胞層が薄いため、葉縁は明るい帯で縁取られているように見える。葉身上部の縁には大きく不規則な歯がありⒷ、和名はこれを鶏冠に見立てている。中肋は強くて葉先に達する。近縁種のコホウオウゴケは小型（1cm以下）で、葉縁の鋸歯は大きくない。

日照　色　湿度

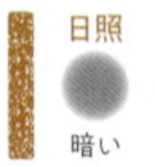

分布　北海道〜琉球
北半球

 「トサカ（鶏冠）」と「ホウオウ（鳳凰）」の2種の鳥が和名に入っている。

# コバノスナゴケ〔小葉之砂蘚〕

*Racomitrium barbuloides*　ラコミトリウム バルブロイデス　異

明るい岩上の大きな群落。多くの短い枝を出す。(山梨県、6月)

山地など標高のやや高い場所や冷涼な地域に多く、日当たりのよい岩上や礫(れき)上などに生える。エゾスナゴケ(p142)に似るが、茎が長くよく分枝して多くの短い側枝(そくし)を規則的に出すⒶ。葉は広い披針形。葉先に透明尖が発達するが変異が大きく、ほとんど発達しないこともⒷ。乾くと葉が茎や枝に密着する。また、ナガバチヂレゴケ(チヂレゴケ属)は暗緑色で、葉は細い披針形、乾くと強く巻縮する。

分布　北海道〜九州
朝鮮、中国

本種はエゾスナゴケより夏の降水量が多く、気温が低い地域を好む。

# エゾスナゴケ〔蝦夷砂蘚〕

*Racomitrium japonicum*　ラコミトリウム ヤポニクム　異

明るく水はけのよい環境によく生える。都市にも多い。(富山県、12月)

古い図鑑では「スナゴケ」。街中から高地にまで分布し、植物体は直立し、黄緑色〜明るい緑色。葉は密について広い披針形Ⓐ、葉先に透明尖がよく発達するⒷ。乾燥すると葉は茎に強く密着し、透明尖の白色が目立つようになる。中肋は1本で長く、葉先に達する。「スナゴケ」という名は、砂地などに大群落をつくることに由来。強光、乾燥に強く、緑化素材として広く利用されている。

日照　色　湿度

明るい

黄

白

乾燥

分布　**北海道〜九州**
**極東ロシア、朝鮮、中国、ベトナム**

 透明尖は朝露や霧から水分を吸収する機能や、体温の上昇を防ぐ働きがある。

# シシゴケ〔獅子苔〕

*Brothera leana*　ブロテラ レアナ　(異)

倒木上の個体。一見すると小さなシラガゴケ類のよう。（長野県、11月）

落葉樹林　樹幹　倒木

樹幹や倒木上を好んで生える。植物体は白緑色をしており、小さなシラガゴケ類のようⒷ。しかし、やや小型で茎の先端に小葉状～紡(ぼう)錘(すい)形の無性芽を大量につけるので見分けは容易。無性芽を豊富に持つ姿を獅子に見立てて名前がつけられたのだろうⒶ。葉はやや広い基部から細く針状に伸び、全縁。中肋は幅広く、葉の基部で3/4ほどの幅を占める。中肋と葉身部との境界は不明瞭。

日照：中間　色：湿 白・乾 白　湿度：中間

分布　北海道～九州
東アジア、北米東部、アフリカ

樹皮の平滑さや樹幹を流れる雨水などの化学的性質は、樹幹のコケの分布に影響する。

# ナメリチョウチンゴケ〔滑提灯蘚〕

*Mnium lycopodioides*　ムニウム リコポディオイデス　異

岩壁に生えた群落。葉は乾くと巻縮する。（福井県、7月）

山地に生え、緑色でややまばらな群落をつくる。葉は卵形～披針形で葉先は鋭頭Ⓐ。葉の上半部には鋭い双歯が並び、葉縁には2～3列の舷がある。中肋は1本で葉先に達するⒷ。蒴は卵形で下垂する。近縁種のコチョウチンゴケの舷は葉の上部で不明瞭、中肋は葉先に届かない。また、トウヨウチョウチンゴケでは、茎の下部に小さな三角形の葉をつけ、中肋上部に鋭い歯が並ぶ。

日照　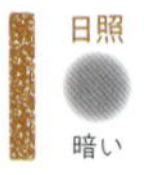 暗い

色　 湿 緑　 乾 緑

湿度　中間

分布　本州～九州
北半球の北部、ニューギニア

 「ナメリ」は、なめらかで光沢のある本種の色を表している。

# スジチョウチンゴケ〔筋提灯蘚〕

直立形

*Rhizomnium striatulum*　リゾムニウム ストリアトゥルム　異

やや湿った林床に生える。花のような雄花盤をつける。（福井県、6月）

植物体には透明感があり、葉は狭い倒卵形でⒶ葉先は短突起になる。乾くと強く巻縮する。舷は葉先まで明瞭で、多くの場合、中肋は葉先に達する。近縁種のハットリチョウチンゴケとケナシチョウチンゴケの葉は広い倒卵形～卵形で、葉先はわずかに尖り、中肋は葉先に届かない。前種の舷の色は濃赤色～褐色で、植物体は乾くと淡緑色になる。後種の舷は無色で、植物体は乾くと暗緑色になる。

日照

暗い

色

湿 緑　乾 緑

湿度

湿潤

分布　北海道～九州
東アジア、ヒマラヤ

ウチワチョウチンゴケ属のコケは、形態的な相違（変異）が大きいことが多い。

# ケチョウチンゴケ〔毛提灯蘚〕

*Rhizomnium tuomikoskii*　リゾムニウム トゥオミコスキー　異

茎の先に多くの無性芽をつける。まるで毛が生えているよう。(長野県、10月)

渓流近くの湿った岩や腐木上などに生育し、透き通るような緑色。「ケ」の名にたがわず、茎のほぼ全体に黒褐色の仮根を密生しⒶ、しばしば茎の上にまでつける。仮根の先には糸状の無性芽が立ち上がるⒷ。葉は茎の上部に集まってつき、倒卵形～うちわ形、葉先は短突起になる。全縁で舷は明瞭。中肋は1本で葉先、もしくは葉先近くに達する。蒴は卵形で傾くか、下垂する。

日照　色　湿度

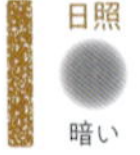

分布　北海道～九州
極東ロシア、中国、ヒマラヤ

 種小名はフィンランドの生物学者Risto Tuomikoski (1911-1989) にちなむ。

# ハミズゴケ〔葉見不蘚〕

*Pogonatum spinulosum*　ポゴナトゥム スピヌロスム　(異)

林内の裸地に生える。胞子体がないと目立たない。(北海道、9月)

山地の路傍や切通しなど、土が露出したところに散生する。茎と葉はほとんど退化して非常に小さく、配偶体はうっすら深緑色の原糸体が見えるのみ。胞子体がないと気づかないことが多い。胞子体はほかのスギゴケ類と同様によく目立ち、蒴は円筒形で蒴柄の表面は平滑。帽は灰白色の毛で覆われるⒶ。近縁種のヒメハミズゴケも配偶体は退化するが、小型で2cm以下、蒴柄の表面にパピラがある。

日照

暗い

色
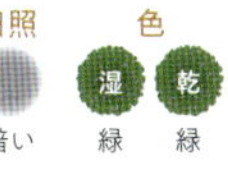

緑　緑

湿度

中間

分布　北海道〜九州
朝鮮、中国、極東ロシア、フィリピン

本種の原糸体は胞子体が生長したあとも残り(宿存性)、光合成を行っている。

# チャボスギゴケ〔矮鶏杉蘚〕

*Pogonatum otaruense*　ポゴナトゥム オタルエンセ　異

花崗岩などの崩れやすい岩上に多い。やや丸っぽい印象。(京都府、6月)

半日陰の地上に生える小型のスギゴケ類で、植物体は灰緑色〜緑褐色。葉は広い卵形の葉鞘から披針形に伸び、ややずんぐりしているⒶ。ニワスギゴケ属のコケの多くは乾くと縮れるが、本種は乾いても縮れず茎に密着する。茎や葉の裏はやや赤みを帯び、乾いて葉が閉じると茶褐色が少々目立つ。近縁種のヤマコスギゴケの葉も乾いても縮れないが、葉鞘はチャボスギゴケのように広くない。

日照　色　湿度

中間　白　緑-茶　中間

分布　北海道〜九州

 蒴歯の数と形はセン類を見分ける重要な形質。

# カラフトキンモウゴケ〔樺太金毛蘚〕

*Ulota crispa*　ウロタ クリスパ　同

樹幹のクッション状の群落。帽には毛が多い。(福井県、5月)

木の上にクッション状の群落をつくる。葉は楕円形の下部から披針形に伸び、先端は鋭頭〜鈍頭。葉はほぼ全縁で、乾くと強く巻縮する。中肋は明瞭で葉先に達する。帽には多くの薄黄色の毛が生える Ⓐ。蒴は倒卵形で長い頸部がある。近縁種のエゾキンモウゴケは帽に毛が少なく、乾くと葉をゆるく巻く。また、ハイキンモウゴケは丸い塊にならず、乾いてもあまり縮れない。

日照　色　湿度

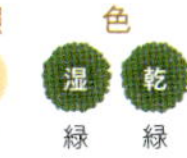

中間　湿 緑　乾 緑　中間

分布　北海道〜九州
世界の寒地

セン類の帽は造卵器の一部が変形したもの。タイ類ではカリプトラと呼ぶ(p31)。

# カサゴケモドキ〔傘蘚擬〕

*Rhodobryum ontariense*　ロドブリウム オンタリエンセ　異

属名の *Rhodo-* はバラ、バラ色の、の意。緑色のバラのよう。(長野県、11月)

落葉樹林下などに生える。葉が茎の上方に集まり、湿っているときは葉を開きⒶ、乾燥すると閉じる姿はまさに傘。傘の部分の葉の数は20～50枚で、葉縁の歯は一重(単生)Ⓑ。中肋は葉先に届くか短く突出。近縁種にはオオカサゴケやカサゴケがある。オオカサゴケはサイズが大きく(6～8㎝)、歯は双生。また、カサゴケは傘の部分の葉が少なく(16～21枚程度)、中肋はふつう葉先に達しない。

日照　色　湿度

中間　緑　緑　中間

分布　北海道～四国
北半球

 海外ではオオカサゴケは、滋養強壮の漢方薬として使われている。

# フロウソウ〔不老草〕

*Climacium dendroides*　クリマキウム デンドロイデス　異

湿地にも生える。（北海道、5月）

一次茎は地中を這い、二次茎は小さなヤシの木を思わせる樹状になるⒶ。本種はコウヤノマンネングサ（p152）に似るが、(1) 二次茎の枝が上部までまっすぐで湾曲しない、(2) 枝先があまり細くならない、ことで見分けがつく。フロウソウは環境によって形が変わりやすく、樹形にならずに横に長く這うものもある。一方、コウヤノマンネングサは常に樹状で、環境によってほとんど形は変わらない。

| 日照 | 色 | | 湿度 |
|---|---|---|---|
| 中間 | 湿 緑 | 乾 緑 | 中間 |

分布　北海道～九州
北半球、ニュージーランド

和名は1911年（明治44年）につけられた。「不老草」と思われるがはっきりしない。

# コウヤノマンネングサ〔高野之万年草〕

樹形

*Climacium japonicum*　クリマキウム ヤポニクム　(異)

林床に生える。（北海道、9月）

一次茎は地中を這い、二次茎は小さなヤシの木のような形になるⒶ。フロウソウとの違いはp151を参照。なお、コウヤノマンネングサは主に落葉樹林に生えるが、フロウソウより低地から高地にまで広く見られる。『新撰日本植物図説第一巻（1899年、明治32年）』には、高野山では本種を乾燥させたものが守護札のように箱に入れられて、販売されていたことが記されている。

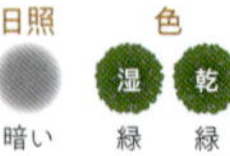

分布　北海道〜九州
朝鮮、シベリア、中国

 被子植物のマンネングサと混乱するので、コウヤノマンネンゴケが適切という意見も。

# イタチゴケ〔鼬蘚〕

*Leucodon sapporensis*　レウコドン サッポレンシス　異

広葉樹の樹幹。やや茶色がかることが多い。(北海道、11月)

山地の樹幹に着生するやや大型のセン類。一次茎は這い、二次茎は湾曲して立ち上がって、イタチの尻尾のようⒶ。二次茎の葉は卵形で、葉先は漸尖して鋭頭、ほぼ全縁。葉面には深い縦ジワがあるⒷ。中肋はない。蒴柄は平滑で蒴は直立し、相称。近縁種のイボヤマトイタチゴケは大型(～10㎝)で、蒴柄にパピラが発達する。なお、イタチゴケ類に近縁のリスゴケには、1本の長い中肋がある。

| 日照 | 色 | | 湿度 |
|---|---|---|---|
|  |  湿 |  乾 |  |
| 暗い | 緑-茶 | 緑-茶 | 中間 |

分布　北海道、本州
朝鮮

イタチやリスなどのかわいらしい名前は、形が尻尾に似ていることに由来する。

# クジャクゴケ〔孔雀蘚〕

*Hypopterygium flavolimbatum*　ヒポプテリギウム フラウォリンバトゥム　㊐

植物体は淡い緑色。複数の胞子体を出す。（北海道、9月）

一次茎は地下茎となり、二次茎は立ち上がり、多くの枝を平面に出してクジャクが羽を広げたような姿になる。葉（側葉）は卵形～楕円形で鋭頭、中肋は葉長の2/3に達し、葉縁には2細胞列の舷がある。腹葉は葉よりも小さくほぼ円形、中肋は突出するⒶ。なお、近縁種のシナクジャクゴケの腹葉の中肋は葉の中部以下で終わる。また、キダチクジャクゴケは枝の長さが不ぞろいになる。

分布　北海道～九州
中国、北米西部

 学名（属）は「茎の下に腹葉が翼のように並ぶ」の意。

# スズゴケ〔鈴蘚〕

*Forsstroemia trichomitria*　フォシュストローミア トリコミトリア　同

樹幹に生える。二次茎は大きく、胞子体を鈴なりにつける。(京都府、6月)

山地の樹幹に生えるが、まれに石灰岩などの岩上にも生える。植物体はわずかに褐色を帯び、一次茎は這い、二次茎は斜上してやや羽状に密に枝を出す。葉は卵形〜披針形で葉先は急に短く尖り、葉面は凹んで縦ジワがある。全縁。乾いてもほとんど形は変わらない。中肋は1本で細く、葉の中部以下で終わる。蒴は円筒形Ⓐ。近縁種のフトスズゴケでは蒴柄が非常に短く、蒴は苞葉に隠れる(沈生)。

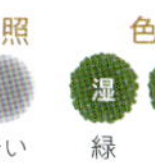

日照：暗い　色：湿 緑／乾 緑　湿度：中間

分布　北海道〜九州
東アジア、ヒマラヤ、北米東部、南米

「コケが生えると木が弱る」というのは誤解。木に寄生しているわけではない。

# ヤマトヒラゴケ〔大和平蘚〕

扇形

*Homalia trichomanoides* var. *japonica*　ホマリア トリコマノイデス ヤポニカ　同

林内の岩上。平たくツヤのある群落をつくる。(北海道、11月)

光沢のある扁平な葉を密につけⒶ、茎先は細く尾状に伸びるⒷ。葉は楕円～倒卵形で非相称。葉先はほぼ円頭～鈍頭Ⓒ、葉縁に細かい鋸歯があり、中肋は1本で葉の中部で終わる。本種はナガエタチヒラゴケの変種で、ナガエタチヒラゴケは枝先が尾状に伸びない。よく似たタチヒラゴケは葉の基部に舌形の付属物があること、シタゴケは葉先が円頭で中肋を欠くか、短いことで見分けがつく。

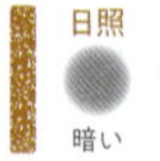

| 日照 | 色 | | 湿度 |
| --- | --- | --- | --- |
| 暗い | 湿 緑 | 乾 緑 | 中間 |

分布　北海道～琉球
朝鮮、中国

 葉を扁平につけるのは、暗い林床で効率よく光を受けるための環境適応。

# エゾヒラゴケ〔蝦夷平蘚〕

*Neckera yezoana*　ネッケラ エゾアナ　㊐

寒冷地の樹幹に多い。よく見ると胞子体をつけている。(北海道、11月)

樹幹に生える扇形のコケ。一次茎は這い、二次茎は立ち上がってまばらに枝を出すⒶ。葉は卵形でやや凹み、上部に横ジワがあるⒷ。葉先は鈍頭、乾いてもあまり変わらない。中肋は1本で細く、茎の中部にまで達する。蒴柄が非常に短く、蒴は苞葉の間に沈生するⒸ。近縁種のチャボヒラゴケでは、蒴がわずかに頭だけ出し、本州以南に分布。ただし、胞子体がない個体は区別が難しい。

日照　色　湿度

暗い　湿 緑　乾 緑　中間

分布　北海道〜九州
朝鮮、中国、極東ロシア

ヒラゴケ類には葉に光沢があったり、シワがあったりする種が多い。

# オオトラノオゴケ〔大虎之尾蘚〕

*Thamnobryum subseriatum*　タムノブリウム スブセリアトゥム　異

一次茎でつながり、大きな群落をつくる。わずかにツヤがある。(東京、11月)

大型のコケで一次茎は這い、二次茎は立ち上がって枝が広がり、やや樹状になる。一次茎、二次茎ともに葉はやや丸くつき、二次茎は枝を不規則に出すⒶ。葉はツヤがあって、卵形で凹み、葉先は広い鋭頭。大きな歯があるⒷ。中肋は1本で葉先近くまで伸びる。近縁種のキダチヒダゴケは茎葉が扁平につく。キツネノオゴケは葉にツヤがなく、葉先の歯が小さい。上部は密に羽状に分枝する。

日照

暗い

色
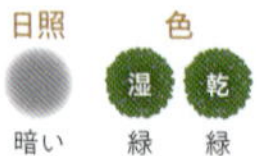

緑　緑

湿度

中間

分布　北海道〜九州
中国、極東ロシア

 オオトラノオゴケのサイズや形態は、生育環境によって大きく異なる。

# ヒムロゴケ〔檜椹蘚〕

*Pterobryon arbuscula*　プテロブリオン アルブスクラ　異

しっかりとした茎を持ち、やや固い感じがする。(山梨県、10月)

樹幹や岩上に着生する樹状(木のような形)のコケ。一次茎は細くて基物を這うが、二次茎は立ち上がって、規則正しく2回羽状に分枝するⒶ。葉は卵形の下部から漸尖して鋭頭。葉には縦ジワがありⒷ、葉先近くの歯は鋭い。中肋は1本で長く、葉長の3/4～4/5まで達する。乾燥してもあまり縮れないが、枝はくるりと巻き上がる。蒴柄は非常に短く、蒴は苞葉の間に沈生する。蒴は広い卵形。

分布　北海道～琉球
中国、朝鮮

和名は、枝分かれする姿を樹木のヒムロ(檜椹)の葉になぞらえたもの。

# ミズシダゴケ〔水羊歯蘚〕

匍匐形

*Cratoneuron filicinum*　クラトネウロン フィリキヌム　異

水辺の岩上に生える。清涼感あふれる鮮やかな緑色。(北海道、11月)

水辺に大きな群落をつくり、種名は「シダのような」の意。茎は這うが枝は立ち上がり、不揃いな長さの枝を不規則に1～2回羽状に出すⒶ。茎葉は三角形～卵形で鋭頭、先は弱く鎌形になり、葉の基部は広く茎に下延Ⓑ。中肋は明瞭で葉先近くに達する。なお、茎には毛葉がある。変種のホソミズシダゴケは石灰岩地の土上に生えて葉先があまり曲がらず、中肋は葉先よりもずっと下で終わる。

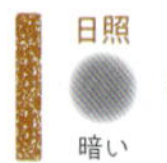

| 日照 | 色 | 湿度 |
|---|---|---|
| 暗い | 湿 緑 / 乾 緑 | 湿潤 |

分布　北海道～九州
世界各地

 和名は水辺に生えること、ならびに羽状に枝を出すシダのような姿にちなむ。

# ウカミカマゴケ〔窺見鎌蘚〕

羽毛形

*Warnstorfia fluitans*　ワルンストルフィア フルイタンス　㊐

湿った岩上の群落。水中に生えた群落は長く伸びる。(北海道、11月)

水辺や水中に生える。植物体は緑色〜褐色、大型で茎は20cmにもなり、不規則な羽状に分枝する。葉は披針形で漸尖して鋭頭C、ときに鎌形に曲がるA。葉の上部には全縁〜細かな円鋸歯または鋸歯がある。中肋は葉の1/2〜3/4に達する。屈斜路湖(北海道)では、本種などが水流にもまれて絡まって球状の「マリゴケ」をつくるB。近縁種のミヤマカギハイゴケの中肋は強壮で葉先近くにまで達する。

日照：明るい　色：湿 緑／乾 緑　湿度：湿潤

分布　北海道〜九州
世界各地

屈斜路湖にはヒシャクゴケ科のマリゴケもあったが、近年はほとんど見られない。

# オオギボウシゴケモドキ〔大擬宝珠蘚擬〕

匍匐形

*Anomodon giraldii*　アノモドン ジラルディー　異

枝を多く出して樹状になるため、ややモコモコしている。(北海道、11月)

樹幹の基部などに褐色がかった固い感じの群落をつくる。一次茎は這い、二次茎は中部〜上部で多くの湾曲する枝を出し、やや樹状になるⒶ。葉は卵形で葉先は鋭頭、葉縁上部に少数の円鋸歯がある。葉基部は細く下延し、中肋は1本で葉先近くに達するⒷ。葉は乾くと茎に接してうろこ状になる。近縁種のエゾイトゴケは乾くと強く巻縮し、葉の基部の両翼が明瞭に耳状に下延する。

分布　北海道〜九州
極東ロシア、朝鮮、中国

 属名の -*don* は「歯」を表す。*Anomodon* は「不揃いな歯（蒴歯）」の意味。

# アオイトゴケ〔青糸蘚〕

*Anomodon minor*　アノモドン ミノル　(異)

樹幹に生える。湿潤時は葉が広く横に展開する。(北海道、9月)

樹幹の基部や石垣に暗緑色〜褐色、ときに黄緑色の群落をつくる。一次茎は這い、二次茎は細く伸びてまばらに羽状に分枝する。葉は卵形の下部から舌形に伸び、上部までほぼ同じ幅。葉先は広い円頭Ⓑ。湿ると葉が横に開いて全体が扁平になるがⒶ、乾燥すると葉は枝に密着する。中肋は1本でやや透明、葉先近くに達する。近縁種のコマノキヌイトゴケは、葉の上部が折れやすいことで区別できる。

分布　北海道〜九州
アジア

別名ギボウシゴケモドキ。この別名も広く使われている。

# イワイトゴケ〔岩糸蘚〕

匍匐形

*Haplohymenium triste*　ハプロヒメニウム トリステ　異

乾いて糸状になった群落。中央には胞子体が見える。(京都府、6月)

湿潤時は葉が横に展開するがⒶ、乾燥すると葉が茎にピタリとついて糸のよう。葉は卵形の下部から舌形に伸び、円頭〜鈍頭Ⓑ。舌形の部分は折れやすく、葉の中部以上がほとんど折れて茎だけになっていることも。中肋は1本で葉の中部以下で終わる。近縁種のコバノイトゴケは葉がイワイトゴケほどは折れず、中肋は葉の中部まで達する。一方、イワイトゴケモドキでは葉が漸尖して鋭頭になる。

日照　色　湿度

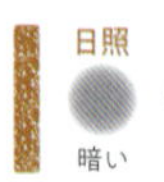

暗い　湿 緑　乾 緑　中間

分布　北海道〜九州
東アジア、欧州、北米東部

 コバノイトゴケはイワイトゴケよりも低地に多い。

# ヒモヒツジゴケ〔紐羊蘚〕

*Brachythecium helminthocladum*　ブラキテキウム　ヘルミントクラドゥム　同

コンクリート上にて。光沢があり青い絹織物のよう。（福井県、10月）

アオギヌゴケ属は似ている種が多く同定が難しいグループの一つ。ヒモヒツジゴケの茎は這い、枝は斜上して密に分枝する。葉は丸くつき、乾いても縮れず茎に密着するⒶ。茎葉は卵形で深く凹み、葉先はやや急に細く尖って毛状Ⓑ。中肋は葉長の2/3に達する。近縁種のナガヒツジゴケの茎葉には深い縦ジワがあり、葉先が長く漸尖する。アオギヌゴケの枝葉は中肋が長く葉先にまで達する。

日照　色　湿度

中間　湿 緑　乾 緑　中間

分布　本州〜九州
朝鮮、中国

和名は、植物体がヒツジの毛のように柔らかそうであることから。

# ヤノネゴケ〔矢之根蘚〕

匍匐形

*Bryhnia novae-angliae*　ブリニア ノウァエ アングリアエ　異

湿った岩上の群落。枝をややまばらにつける。(東京都、7月)

湿った土上や岩上に生え、植物体はやや明るい緑色で華奢(きゃしゃ)な感じがする。茎は不規則に分枝しA、葉は卵形で葉先は細く鋭頭。葉の全周に鋸歯が発達する。基部は茎に広く下延するがB、これはヤノネゴケ属の特徴の一つ。中肋は1本で長く葉長の4/5付近にまで伸びる。近縁種のエゾヤノネゴケの中肋は葉の先端付近にまで達する。また、キンモウヤノネゴケの基部は耳状になる。

日照　暗い　色　湿 緑　乾 緑　湿度　中間

分布　北海道〜九州
東アジア、ヒマラヤ、欧州、北米

 和名は葉の形を矢の根(矢じり)に見立てて。中国では燕尾蘚という。

# アツブサゴケ〔厚房蘚〕

*Homalothecium laevisetum*　ホマロテキウム ラエウィセトゥム　異

葉を密につけ、やや光沢がある。乾いても縮れない。(北海道、11月)

植物体は緑色～黄緑色でやや光沢がある。茎は基物に密着して密に枝分かれし、多くの枝を上方に出すⒶ。葉は広い披針形で葉先は細く伸びる。葉には多くの縦ジワがありⒷ、葉縁には鋸歯があるが、ときにほぼ全縁。葉は乾くと茎に密着する。中肋は1本で葉の3/4に達し、蒴は円筒形で直立。近縁種のアツブサゴケモドキは乾いても葉が開いたままで、アツブサゴケほど光沢がない。

日照　 暗い
色　 湿 緑　乾 緑
湿度　 中間

分布　北海道～九州
極東ロシア、朝鮮、中国

アオギヌゴケ科の中で、円筒形で直立する蒴を持つ種は少ない。

# ネズミノオゴケ〔鼠之尾蘚〕

匍匐形

*Myuroclada maximowiczii*　ミュロクラダ マキシモヴィッチー　異

倒木上の群落。胞子体をつけている。(北海道、11月)

落葉樹林や農耕地などによく生え、緑色〜黄緑色でやや光沢のある群落をつくる。茎は這って斜上する枝を出す。葉はうろこ状に密に重なって枝先は次第に細くなる。その姿はまさにネズミの尾A。葉はほぼ円形で椀(わん)状に凹みB、基部は心臓形。乾いてもほとんど形は変わらない。葉先は円頭か、ときにわずかな短突起になる。中肋は1本で葉長の1/2〜2/3ほど。蒴は円筒形で傾き、非相称。

日照

中間

色

湿 緑
乾 緑

湿度

中間

分布　北海道〜九州
極東ロシア、朝鮮、中国、北米西部

 個人的にはネズミノオゴケとエビゴケが、動物によく似たコケの双璧である。

# アオハイゴケ〔青這蘚〕

匍匐形

*Rhynchostegium riparioides*　リンコステギウム リパリオイデス　同

流水中に生える。大群落になり、一面黒緑色になることも。(長野県、10月)

渓流近くの水しぶきがかかるような環境や水中に生育し、黒緑色の大きな群落をつくる。ただし、枝先の葉は明るい黄緑色をしていることが多いⒶ。葉を丸くつけ、枝葉は広い卵形〜ほぼ円形で葉先は鈍頭Ⓑ。小さな鋸歯が全周にわたってある。中肋は1本で緑色、葉長の2/3〜3/4まで伸びる。急流に生える個体は古い葉を失い、ほとんど茎だけになっていることもある。

| 日照 | 色 | 湿度 |
|---|---|---|
| 暗い | 湿 黒-緑　乾 黒-緑 | 湿潤 |

分布　北海道〜琉球
北半球

「葉を丸くつける」典型的な種。この表現の意味を理解するのに役立つ。

# クロカワゴケ〔黒川蘚〕

匍匐形

*Fontinalis antipyretica*　フォンティナリス アンティピレティカ　異

流水中の群落を上から撮影。流れの速い渓流を好む。(長野県、10月)

落葉樹林　水中

A

15cm

冷涼な地域の流水中に生え、長いものでは40cmにもなる。上高地(長野県)には本種の大群落があり日本最大。葉は3列につき、卵形で葉先は鈍く尖り、葉先の葉縁に目立たない歯がある。葉は中央で縦に折り畳まれ流線形になるがA、この形は流水への適応だと考えられる。近縁種のカワゴケの葉は披針形で葉先は長く尖り、中央で折り畳まれない。また、葉がよりまばらにつくことが多い。

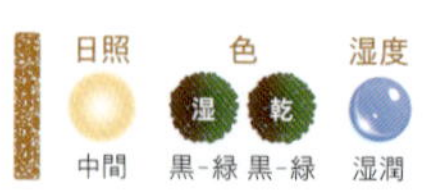


分布　北海道、本州
北半球

 冷涼な地域を好むのは、水温が上昇すると水中で光合成に必要な$CO_2$が減ることも関連。

# フトリュウビゴケ［太龍尾蘚］

*Hylocomium brevirostre* var. *cavifolium*　ヒロコミウム ブレウィロストレ カウィフォリウム　異

尖った葉先が目立つ。（福井県、12月）

日陰の湿った地上や岩上に生える。植物体は黄緑色～明るい緑色で大型、光沢のある群落をつくり、まばらに1～2回羽状に分枝するⒶ。茎は赤褐色で多くの毛葉がある。枝は丸く重なり合ってつき、乾いても展開したまま。葉は広い卵形、深く凹んで葉先は急に細くなって尖りⒷ、基部は耳状に下延して茎を抱く。葉縁には鋸歯があり、中肋は2本で短い。茎の途中から毎年1本ずつ新しい枝を出す。

分布　北海道～九州
朝鮮、中国

和名は茎が太く、先端が「龍の尾状」に長細くなることから。

# クサゴケ〔草蘚〕

匍匐形

*Callicladium haldanianum*　カリクラディウム ホールデニアヌム　同

黄色みが強い。(長野県、11月)

植物体は黄緑色〜褐色で光沢があり、一面に大きな群落をつくる。枝を不規則に羽状に出しⒶ、葉はやや丸くついて披針形、先はやや急に細く尖るⒷ。葉縁はほぼ全縁。中肋は2本で短い。葉は乾くと弱く茎に接するが、ほとんど形は変わらない。雌雄同株(異苞)でよく胞子体をつける。蒴は傾き、非相称。ヒツジゴケ科のコケに似るが、こちらは中肋が1本であることで区別できる。

分布　北海道〜四国
北半球

 和名は「柔らかい草のようなコケ」の意。

# エゾハイゴケ〔蝦夷這蘚〕

*Calliergonella lindbergii*　カリエロゴネラ リンドベルギー　異

葉をやや扁平につける。（北海道、11月）

山地の湿った場所に生え、植物体は緑色〜黄褐色B。茎は長さ10cm以上になることもあり、不規則に少数の枝を出すA。茎葉は披針形。葉先は比較的広く、弱く鎌形に曲がる。枝葉は茎葉よりも細い披針形。葉の翼部では大型で透明、薄膜（はくまく）の細胞が明瞭な区画をつくるC。蒴は円筒形で非相称。乾くと縦ジワができる。ヒラハイゴケに似るが、本種は葉を強く扁平につける。

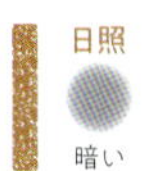

| 日照 | 色 | | 湿度 |
|---|---|---|---|
| 暗い | 湿 緑 | 乾 緑 | 湿潤 |

分布　北海道〜九州
北半球

種小名はスウェーデンの植物学者Sextus Otto Lindberg（1835-1889）にちなむ。

# シワラッコゴケ〔皺海獺蘚〕

匍匐形

*Gollania ruginosa*　ゴラニア ルギノサ　異

樹幹の基部。ツヤがあり、密に重なった群落をつくる。（北海道、11月）

落葉樹林

岩　樹幹　倒木

3 cm

岩や腐木上に黄緑色の群落をつくりⒶ、葉を扁平につける。茎葉は背面、側面、腹面につき、卵形の下部から漸尖する。葉縁の上半部には歯があり、基部は反曲する。なお、側面と背面の茎葉の葉先は細く尖るⒷ。枝葉は茎葉よりも小型で、中肋は2本で葉長の1/4〜1/3に達する。細い蒴は卵形で傾き、非相称。近縁種のラッコゴケの背面の茎葉は卵形で、先は短く尖る。

分布　北海道〜九州
極東ロシア、朝鮮、中国、インド

 個人的には、モコモコした姿がラッコに見えなくもない。

# オオベニハイゴケ〔大紅這蘚〕

*Hypnum sakuraii*　ヒプヌム サクライー　異

湿った岩上に生える群落。枝をややまばらにつける。(鹿児島県、11月)

渓流近くの地上や濡れた岩上に生え、まばらに羽状に枝を出す。植物体はやや光沢のある黄緑色だが、一部は赤褐色になることが多いA。葉はやや扁平につき、茎葉は卵形の下部から漸尖して広く尖り、上半部は強く鎌形に曲がるB。ハイゴケ(p54)に似るが、本種の茎葉はより広く短く尖り、葉の基部が心臓形にならない。また、ハイゴケは赤褐色にならず、乾いた場所に生える。

| 日照 | 色 | | 湿度 |
|---|---|---|---|
| 暗い | 湿 黄-赤 | 乾 黄-赤 | 湿潤 |

分布　本州〜九州
朝鮮、中国

種小名の*sakuraii*は、蘚類研究者・櫻井久一博士にちなむ。

# コウライイチイゴケ〔高麗一位蘚〕

匍匐形

*Taxiphyllum alternans*　タクシフィルム アルテルナンス　異

カキツバタの生える湿地にて。大型であまり分枝しない。(京都府、3月)

湿地に生える大型のコケで、葉にはややツヤがあり、茎にゆるく扁平につくⒶ。葉は卵形で凹み、葉先はやや急に短く尖るⒷ。乾くと葉先は下方に曲がるが、ほとんど形は変わらない。葉縁は細かい鋸歯状〜全縁。中肋は2本で、ときに葉長の1/3まで達する。近縁種のキャラハゴケはサイズが小さく、湿地ではなく山地の地上に生える。また、乾いても展開したままで葉先は曲がらない。

日照　　明るい

色　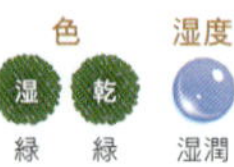　湿 緑　乾 緑

湿度　湿潤

分布　本州〜九州
極東ロシア、朝鮮、中国、北米東部

 低地の湿地は開発されやすく、そこに生育するコケは大きく減少してしまった。

# ヒメコクサゴケ［姫小草蘚］

匍匐形

*Isothecium subdiversiforme*　イソテキウム スブディウエルシフォルメ　異

樹幹や倒木を好んで生える。ややほっそりとしている。（山梨県、10月）

一次茎は這い、二次茎は立ち上がって不規則に分枝してやや樹状になるA。枝先は細い鞭状（べんじょう）に伸びることもある。葉にはやや光沢があり、卵形～楕円形で凹み、鋭頭B。葉先には鋸歯が発達する。乾いても形はほとんど変わらない。なお、中肋は1本で葉の中部以上に達する。近縁種のコクサゴケは枝先が鞭状にならず、枝先は細くならない。そのため、ややずんぐりして見える。

日照　色　湿度

暗い　湿 緑　乾 緑　中間

分布　本州～琉球
朝鮮、中国

和名はいかにも可憐でかわいらしいが、本種の実体とはやや異なるかも。

# ヒナイトゴケ〔雛糸蘚〕

匍匐形

*Forsstroemia japonica*　フォシュストローミア ヤポニカ　異

一次茎は目立たず、二次茎は羽状に分枝して樹状になる。(北海道、11月)

樹幹に生えるセン類で、一次茎は基物を這い、二次茎は密に羽状に分枝するⒶ。葉は披針形で急に細く尖り、全縁。中肋は細く、葉の中部付近で終わる。蒴は卵状でやや丸味を帯び、沈生せずに苞葉から出てⒷ、帽には長毛が発達。近縁種のヒメスズゴケは、まばらに分枝して枝の長さが不揃いになる。また、蒴は苞葉の間に沈生して帽には毛がなく、主に近畿地方以西に分布する。

分布　北海道〜九州
極東ロシア、朝鮮、中国

 樹幹着生のコケは大気と触れる面積の割合が大きく、大気汚染の影響を受けやすい。

# ノミハニワゴケ［蚤埴輪蘚］

匍匐形

*Haplocladium angustifolium*　ハプロクラディウム　アングスティフォリウム　同

よく蒴をつける。倒木上に多い。（長野県、7月）

茎は這い、密に羽状に分枝し、茎に毛葉がある。茎葉は卵形の基部から急に細く長く尖って芒状に突出し、先端はほぼ中肋のみからなるⒷ。蒴柄は赤褐色〜栗色で蒴は傾き、非相称Ⓐ。近縁種のコメバキヌゴケは本種と比べてやや小型だが、肉眼での区別は難しい。生物顕微鏡で細胞を見ると、ノミハニワゴケの葉のパピラは細胞の上端にあり、コメバキヌゴケのパピラは葉の細胞の中央にある。

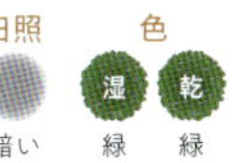

| 日照 | 色 | | 湿度 |
| --- | --- | --- | --- |
| 暗い | 湿 緑 | 乾 緑 | 中間 |

分布　北海道〜琉球
世界各地

雌雄同株は受精効率を高められる反面、遺伝的多様性を高められないという欠点も。

# オオバチョウチンゴケ〔大葉提灯蘚〕

匍匐形

*Plagiomnium vesicatum*　プラギオムニウム ウェシカトゥム　異

湿った岩上。都市部でも庭園などで見られる。(京都府、3月)

水辺に生えるコケで、郊外から山地に広く分布し、透明感のある緑色の群落をつくる。匍匐茎と直立茎を持ち、生殖器官は直立茎につける。葉は長い楕円形、葉先に短突起があるが、ほぼ円頭に見える。全周に小さな歯を持つが、不明瞭なことも多い。中肋は1本で葉先に届くⒶ。近縁種のテヅカチョウチンゴケは全周に鋭い鋸歯が、ツルチョウチンゴケは葉に浅い横ジワがあることで見分けがつく。

日照　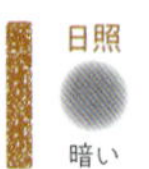　暗い

色　　湿 緑　乾 緑

湿度　　湿潤

分布　北海道〜琉球
ロシア東部、朝鮮、中国

 水辺に生えるコケは透明感のある種が多い。

# ハナシエボウシゴケ〔歯無烏帽子蘚〕

*Dolichomitra cymbifolia* var. *subintegerrima*　ドリコミトラ キンビフォリア スブインテゲリマ　異

葉を丸くつけ、枝がずんぐりしている。(山梨県、10月)

山地の岩や腐木上に群生し、緑色〜褐色。一次茎は這い、小さな葉をつける。二次茎は上部で密に分枝し、樹状になるⒶ。葉には光沢があり、ほぼ円形で椀(わん)状に深く凹むⒷ。乾いてもほとんど変わらない。葉先は丸味を帯びた鈍頭で歯がない。中肋は1本で葉の中部以上にまで伸びる。基本種のトラノオゴケの葉先は円頭〜広い鋭頭、大きな鋸歯がある。ハナシエボウシゴケのほうが基本種より普通。

日照：暗い　色：湿 緑／乾 緑　湿度：中間

分布　本州〜九州

別種のヒジキゴケ(p49)は中国名で「虎尾蘚」。トラノオゴケと混乱しそう。

# オオサナダゴケモドキ〔大真田蘚擬〕

匍匐形

*Plagiothecium euryphyllum*　プラギオテキウム エウリフィルム　異

斜面や倒木上によく生える。平たい群落をつくる。(鹿児島県、11月)

葉は弱く扁平につき、平らなマットになる。葉はやや光沢があり、卵形で先端は広く尖るA。また基部は狭く茎に下延するB。乾いてもほとんど形は変わらない。中肋は2本で、葉の中部以下で終わる。近縁種のオオサナダゴケは植物体がやや華奢(きゃしゃ)で、葉の先に無性芽をつける。また、マルフサゴケは葉が丸くついて深く凹むこと、ミヤマサナダゴケは乾くと強く巻縮することで見分けられる。

分布　北海道〜琉球
朝鮮、中国、ベトナム

 和名は、着物に使う真田紐（さなだひも）のように平らなことから。

# カガミゴケ［鏡蘚］

*Brotherella henonii*　ブロテレラ エノニー　異

樹幹の基部や倒木上に多い。鏡ほどではないがツヤがある。（福井県、3月）

樹幹や腐木上に多い。明るい緑色で光沢があり、やや羽状に枝を出して扁平に葉をつける。茎葉は卵形で葉先は急に細くなって尖りⒶ、上半部には鋭い歯が発達。枝葉は披針形で漸尖して鋭頭。中肋はないか、または非常に短い。近縁種のヒメカガミゴケの葉の葉縁は全縁〜円鋸歯状で、葉先は漸尖して細長く尖る。また、トガリゴケは葉がゆるく扁平につき、先は錐（きり）のように尖る。

日照　色　湿度

暗い

緑

緑

中間

分布　北海道〜琉球
朝鮮、中国、極東ロシア

和名は、植物体の表面の強いツヤを鏡に見立てて。

# チャボスズゴケ〔矮鶏鈴蘚〕

匍匐形

*Boulaya mittenii*　ブーレア ミッテニー　㊏

落葉樹林　樹幹

規則正しく枝を出す形が特徴。寒冷地に多い。（北海道、9月）

植物体は緑色〜緑褐色で茎は長く這い、規則正しく羽状に分枝して斜上するⒶ。茎葉は広い卵形の下部から急に細くなって尖りⒷ、葉身には縦ジワが発達。中肋は1本で葉先近くに達する。一方、枝葉は茎葉と形が異なり、卵形で鋭頭。中肋は明瞭で葉先近くに達する。茎には毛葉があり、蒴は卵形で直立。近縁種のバンダイゴケは、本種のように規則的に分枝せず、茎葉の先は針状には伸びない。

分布　北海道〜九州
極東ロシア、朝鮮、中国

 学名はフランス人の生物学者Jean-Nicolas Boulay（1837-1905）にちなむ。

# アカヤスデゴケ［赤馬陸苔］

*Frullania davurica*　フルラニア ダウリカ　異

樹幹にて。ヤスデゴケ類の中でも大きく目につきやすい。（福井県、3月）

大型で赤褐色を帯びる。ヤスデゴケ属のコケは、葉の腹片が袋をつくることが特徴。本種の袋状の腹片はほぼ円形のヘルメット形で小さく、腹葉にほぼ隠れる。また、ヤスデゴケの仲間は腹葉が2裂する種が多いが、本種の腹葉は円形で2裂しないⒶ。花被は3稜。近縁種のウサミヤスデゴケの腹葉は先端がわずかに凹むだけで明瞭に2裂せず、腹片は腹葉に覆い隠されない。

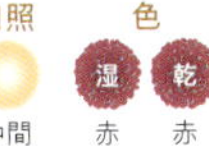

| 日照 | 色 | | 湿度 |
|---|---|---|---|
| 中間 | 湿 赤 | 乾 赤 | 中間 |

分布　北海道〜九州
東アジア

ヤスデゴケの仲間は赤褐色を帯びる種が多く、形もヤスデのような雰囲気がある。

# カラヤスデゴケ〔唐馬陸苔〕

茎葉体（丸葉）

*Frullania muscicola*　フルラニア ムスキコラ　異

ヤスデゴケ類で最もよく見られる。右下はタチヒダゴケ。（福井県、12月）

中型でやや赤褐色を帯び光沢がある。背片は卵形で全縁、袋状の腹片はヘルメット形で先は嘴（くちばし）状に発達するものからそうでないものまでさまざま。腹葉は明瞭に2裂してイチョウのような形になり、側縁に弱い歯があるB。花被にはパピラがなく平滑A。近縁種のヒメアカヤスデゴケは小型で背片が落ちやすい。カギヤスデゴケは花被にイボ状の突起があり、シダレヤスデゴケは背片の先が尖る。

| 日照 | 色（湿） | 色（乾） | 湿度 |
|---|---|---|---|
| 中間 | 赤 | 赤 | 中間 |

分布　北海道〜琉球
樺太、東アジア〜ヒマラヤ

 ヤスデゴケ類の袋は、雨水などを貯えるタンクの役割があると考えられている。

# ツツソロイゴケ［筒揃苔］

*Liochlaena subulata*　リオクラエナ スブラタ　異

倒木の上に群生。まるで小さな赤い花が咲いたよう。（北海道、9月）

1 mm

B

落葉樹林

倒木

山地の倒木上に明るい緑色〜緑褐色の群落をつくり、一部が赤みを帯びることがあるA。茎は匍匐するが、茎先はしばしば斜上して棒状になり、無性芽をつける。葉は広く横に展開してゆるく重なり、卵形。花被は倒卵形で切頭、先端は嘴（くちばし）状に尖るB。近縁種のナシガタソロイゴケの葉は長さと幅がほぼ同じで、茎先は棒状にならず、花被は倒卵形。上部には明瞭に3〜4稜ある。

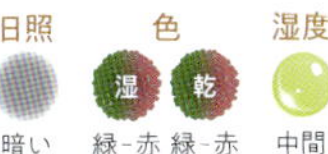

| 日照 | 色 | | 湿度 |
|---|---|---|---|
| 暗い | 湿 緑-赤 | 乾 緑-赤 | 中間 |

分布　北海道〜九州
東アジア、ヒマラヤ、ハワイ

ツボミゴケ属で倒木上に生える種は珍しい。

# フジウロコゴケ〔富士鱗苔〕

茎葉体（丸葉）

*Chiloscyphus polyanthos*　キロスキフス　ポリアントス　異

水中に生える。幼虫時にこのコケを特異的に食べる昆虫もいる。（長野県、9月）

主に流水中に生育し、植物体は緑色〜緑褐色。葉は重なって方形〜卵形で全縁Ⓐ、葉先は円頭〜やや凹頭。腹葉は茎の幅よりも狭く、葉長の約1/2まで2裂し、裂片は細長く尖るⒷ。和名の「フジ」は富士山にちなむ。近縁種のスケバウロコゴケは湿岩や倒木上に生育し、葉は舌形。腹葉は茎径の約1/2程度の幅で狭く、側縁には弱い歯がある。両種はよく似るが、細胞のサイズや染色体数が異なる。

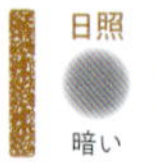
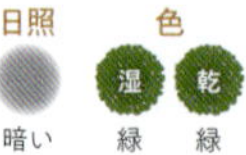
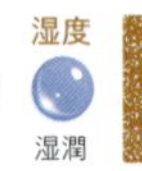

| 日照 | 色 | | 湿度 |
| --- | --- | --- | --- |
| 暗い | 湿 緑 | 乾 緑 | 湿潤 |

分布　北海道〜九州
北半球

 植物研究者Carl Peter Thunberg（1743-1828）により世界に紹介された日本のコケの1種。

# クラマゴケモドキ〔鞍馬苔擬〕

*Porella perrottetiana*　ポレラ ペロテッティアナ　異

樹幹。やや規則的に分枝する。（東京都、11月）

褐色を帯びることが多く、茎は1～2回羽状に分枝する。背片は長い楕円形でⒶ、背縁の基部はほとんど茎に流れない。葉先は鋭頭で3～7個の長歯がある。腹片は狭い舌形で、葉先は鋭頭、葉縁は長歯で囲まれる。腹葉は茎の幅よりわずかに広く、狭い舌形、葉縁に長歯があるⒷ。近縁種のヒメクラマゴケモドキの背片は長く漸尖して毛状、ヤマトクラマゴケモドキの背片は卵形で葉先は円頭～切頭。

日照　色　湿度

暗い　緑　緑　中間

分布　本州～琉球
東アジア～ヒマラヤ、インド

熱帯系の種は、西南日本では樹幹に、本州北部では石灰岩地を好む傾向がある。

# ケクラマゴケモドキ〔毛鞍馬苔擬〕

茎葉体（丸葉）

*Porella fauriei*　ポレラ フォーリー　異

葉先が強く内曲するため平たく見える。鈍い光沢がある。（北海道、11月）

黒緑色で金属光沢がある。茎は不規則に分枝し、背片は長い楕円形で葉先は強く内曲し、円頭Ⓐ。数個の歯がある。腹片は舌形で葉縁に長歯を持つ。腹葉は丸味を帯びた舌形で幅は中部で最大となり、全周にわたって長歯があるⒷ。近縁種のニスビキカヤゴケの腹葉の幅は基部で最大になり、長歯は基部ほど目立つ。なお、ニスビキカヤゴケはそのツヤから、別名ウルシゴケと呼ばれる。

日照　色　湿度

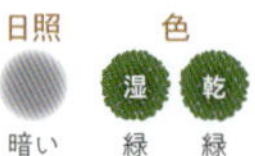

分布　北海道〜九州
朝鮮

 本種とニスビキヤカゴケは、噛むと薬味のタデのような辛味がある。

# オオクラマゴケモドキ〔大鞍馬苔擬〕

*Porella grandiloba*　ポレラ グランディロバ　異

クラマゴケ類は樹幹に大きな群落をつくることが多い。(青森、9月)

クラマゴケモドキゴケ属のコケは、背葉や腹片、腹葉に歯を持つものが多い。しかし、本種はいずれも全縁であり、他種からの区別は容易(マルバクラマゴケモドキを除く)。植物体は暗濃緑色で不規則に分枝し、背片は舌形。腹片は長い舌形で、長さは幅の3倍。腹葉の形は腹片に似るⒶ。本種と同様にマルバクラマゴケモドキの葉も全縁だが、腹片は楕円形で、長さは幅の約2倍。

日照  暗い
色  湿 緑　乾 緑
湿度  中間

分布　北海道～九州
樺太、東アジア

シダにクラマゴケがあり、それに似たコケがクラマゴケモドキ。ややこしい。

# チヂミカヤゴケ〔縮榧苔〕

茎葉体（丸葉）

*Porella ulophylla*　ポレラ ウロフィラ　異

フリルのように葉が波打つ。都市郊外の神社などにも多い。（京都府、3月）

落葉樹林

樹幹

1cm

暗緑色のコケで、低地の樹幹などに着生して不規則に分枝し、乾いてもほとんど形は変わらないⒷ。葉は大きな背片と小さな腹片になり、背片は卵形で全縁、葉縁は著しく波打ちⒶ、葉先は鈍頭でやや内曲する。腹片は雄株と雌株で形が異なり、雄株は三角形、雌株は舌形でまれに袋状。いずれも全縁で鈍頭、腹縁基部はわずかに茎に下延する。腹葉は茎の約2倍の幅で全縁、葉先がやや外曲し、円頭。

日照　色　湿度

暗い

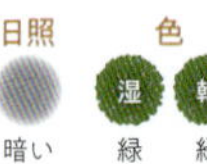
湿 緑　乾 緑

中間

分布　北海道〜九州
東アジア

 チヂミカヤゴケ属だったが、近年はクラマゴケモドキ属（*Porella*）に含まれる。

# チャツボミゴケ〔茶蕾苔〕

*Solenostoma vulcanicola*　ソレノストマ ウルカニコラ　異

一面がチャツボミゴケで覆われた渓流。(群馬県、10月)

植物体は明るい緑色〜赤褐色、暗紫色で、硫黄泉近くの強酸性の水中、ときに水辺に大群落をつくる。茎は斜上し、仮根は少なく無色。葉は幅が長さと同じか、より広い楕円形(腎臓(じんぞう)形)で、葉先はほとんど切頭Ⓐ。全縁Ⓑで基部は茎に流れる。硫黄がなくても強酸性の水中では生育できることから、硫黄そのものではなく、硫黄の存在によってつくられる環境を好んで生育していると考えられている。

分布　北海道〜九州

穴地獄(群馬県)の「六合チャツボミゴケ生物群集の鉄鉱生成地」は国の天然記念物。

# フクロヤバネゴケ〔袋矢羽根苔〕

茎葉体（裂葉）

*Nowellia curvifolia*　ノエリア クルウィフォリア　異

落葉樹林　倒木

倒木を被う小さな赤褐色の糸のよう。淡緑色の群落もある。（奈良県、11月）

山地の湿った倒木上に群生し、とくに心材が残っていて、比較的硬い材の上を好んで生える。植物体は糸状で淡緑色～赤褐色。葉は背側にやや偏向して接在、茎に横につきⒶ、1/2まで広くU字形に2裂する。葉の裂片は披針形、先端が長毛状になるⒷ。葉の腹縁は著しく内巻して袋状になる。腹葉はない。葉先の毛が短く、長毛状にならない近縁種のフクレヤバネゴケが屋久島に分布する。

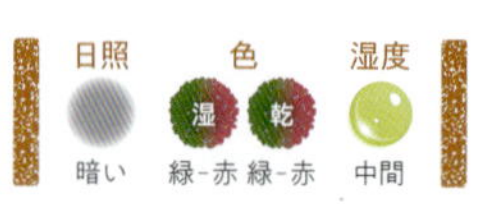


分布　北海道～琉球
北半球

 和名は、葉の腹縁にできる袋にちなむ。

# タカネミゾゴケ〔高嶺溝苔〕

*Marsupella emarginata* subsp. *tubulosa* var. *tubulosa* 異

マルスペラ エマルギナタ トゥブロサ トゥブロサ

湿った岩上に生える。この群落は赤みを帯びていない。（福井県、6月）

植物体はツヤのある緑色だが、しばしば赤色を帯びる。直立し、ほとんど分枝しない。葉は横につき、接在もしくはゆるく重なるⒶ。葉は長さと幅が同長で、浅く2裂して（葉長の1/5～1/3程度）、裂片は円頭～鈍頭Ⓑ。腹葉はない。花被は円錐形で小さい。近縁種のホソミゾゴケは、サイズがやや小さく、裂片が鋭頭。また、アカタカネゴケは赤褐色～黒褐色で、葉縁は著しく外曲する。

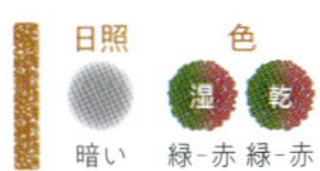
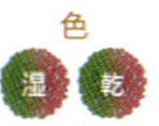

分布　北海道～九州
樺太、東アジア

和名の「ミゾゴケ」は、生育地に由来するのか、葉の形態に由来するのか不明。

# コスギバゴケ〔小杉葉苔〕

茎葉体（裂葉）

*Kurzia makinoana*　クルツィア マキノアナ　異

非常に小さく、しゃがんで探さないと見逃してしまう。（愛知県、3月）

落葉樹林
岩
土

小さな糸状のコケであまり目立たない。葉掌部が小さく肉眼ではほとんど見えないⒶ。葉はほぼ横につき、深く3〜4裂する。裂片は糸のように細く、葉先はやや内曲するⒷ。腹葉は葉とほぼ同形だがやや小さい。近縁種のトガリスギバゴケは裂片が基部から大きく曲がり、暖かい地域（紀伊半島、南九州、琉球）に分布する。また、マツバウロコゴケ類（p252）は、葉が茎に斜めにつく。

分布　北海道〜琉球
東アジア

 種小名の*makinoana*は、採集者である牧野富太郎博士を記念してつけられた。

# トサカゴケ〔鶏冠苔〕

*Lophocolea heterophylla*　ロフォコレア ヘテロフィラ　㊞

中央のトゲトゲしたものは三角柱状の花被。(北海道、11月)

植物体は匍匐し、葉は互生〜ほぼ対生で斜めに瓦状につく。茎の上部の葉は舌形で凹頭〜切頭Ⓐ、下部は長方形で、葉先は切頭で浅く2裂するⒸ。腹葉は茎の1.5倍ほどの幅で深く2裂し、裂片は披針形、側縁に歯がある。花被は三角柱Ⓑ。近縁種のエゾトサカゴケの葉は円頭、花被にしばしば稜が発達する。オオウロコゴケ(p117)、フジウロコゴケ(p188)、ヒメトサカゴケ(p198)は各頁を参照。

日照  暗い

色  湿 緑 乾 緑

湿度  中間

分布　北海道〜九州
北半球の冷温帯

和名は、花被の形をニワトリの鶏冠(トサカ)に例えたのだろう。

# ヒメトサカゴケ〔姫鶏冠苔〕

茎葉体（裂葉）

*Lophocolea minor*　ロフォコレア ミノル　異

多くの無性芽をつけるため、粉をふいているように見える。（福井県、12月）

樹幹や岩上に生育し、植物体は緑色～黄緑色。葉は方形～卵形で先は浅く2裂し、裂片は三角形。腹葉は離在して幅は茎の約2倍、1/2程度まで2裂して、裂片は狭い三角形。花被は三角柱状。葉先や葉縁に無性芽を葉の形が見えなくなるほど豊富につけ、しばしば粉末状になるAB。本種には何に似ているともいいがたい独特の甘い芳香があり、別名ヒメニオイウロコゴケとも呼ばれている。

日照　色　湿度

中間

湿 緑

乾 緑

中間

分布　北海道～琉球、小笠原
北半球の冷温帯

 コケはどれも味はよくないが、芳香はよいものもある（よくないもののほうが多い）。

# サワラゴケ［椹苔］

*Neotrichocolea bissetii*　ネオトリココレア ビセッティー　異

大型で白みがかった群落をつくる。（長野県、7月）

湿った地上に白緑色～緑色の群落をつくる。規則的に4～5回羽状に枝を出し、葉は倒瓦状にやや斜めにつく。葉の縁と背面には長毛が密生A。葉は深く裂け、裂片は三角形だが、一部の葉では袋状になる。近縁種のイヌムクムクゴケはすべての葉で裂片の一部が袋状になり、植物体は赤褐色を帯びることが多い。ムクムクゴケ（p201）は葉の裂片がさらに細かく裂けて長毛状になる。

| 日照 | 色 | 湿度 |
|---|---|---|
|  暗い | 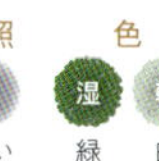 湿 緑 / 乾 白 |  湿潤 |

分布　北海道～九州
中国

着生種に倒瓦状に葉がつく種が多いのは、茎先から基部へ水が移動しやすいため。

# コアミメヒシャクゴケ〔小網目柄杓苔〕

茎葉体（裂葉）

*Scapania parvitexta*　スカパニア パルウィテクスタ　同

水がしたたる岩上にて。透き通る赤色が鮮やか。（鹿児島県、11月）

やや小型のヒシャクゴケ類で、赤緑色を帯びることが多い。ヒシャクゴケ科のコケは直立し、葉は不等に2裂して小さな背片と大きな腹片になるⒶ。腹片は長い楕円形で円頭、背片は卵形で腹片の3/4以下の長さⒷ。葉縁には長い披針形の歯がある。腹葉はない。花被は扁平。近縁種のシタバヒシャクゴケの歯は広三角形。また、ウニバヒシャクゴケの葉縁の歯は長毛状になる。

分布　北海道～九州
北半球の冷温帯

 和名は、花被の形を柄杓（ひしゃく）に見立てたもの。

# ムクムクゴケ〔むくむく苔〕

*Trichocolea tomentella*　トリココレア トメンテラ　㊢

優しい緑色でふんわりした雰囲気。湿った場所を好む。（長野県、7月）

土や岩上、腐木上に白緑色～緑褐色のふわふわとした群落をつくる。茎は匍匐し、2～3回羽状に分枝するⒶ。葉は葉長の約2/3まで4裂し、裂片はさらに細かく裂け、先端は長毛状になるⒷ。そのため、全体が動物のように毛で覆われているように見える。腹葉の形は葉に似ており4裂し、大きさは葉の約1/2。近縁種として、イヌムクムクゴケ、サワラゴケ（p199）がある。

日照　色　湿度

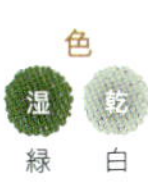

暗い　緑　白　中間

分布　本州～琉球
北半球

「ムクムク」はやはり見た目にちなむのだろうか。いいネーミングである。

# ミドリゼニゴケ〔緑銭苔〕

葉状体

*Aneura pinguis*　アネウラ ピングイス　異

濃い緑色が特徴。トサカゴケが混生している。(北海道、11月)

葉状体は不透明な緑色〜黄緑色でⒶ、棍棒(こんぼう)状のシュートカリプトラ(若い胞子体の保護器官)が発達するⒷ。仮根は淡色で腹面中央部に密生。葉状体の翼部には2〜4単細胞の幅の単細胞層からなる部分があり、白っぽく見えるⒸ。近縁種のミズゼニゴケモドキはやや透明感あり、翼部の単細胞層は5細胞以上の幅がある。ヤクシマテングサゴケもやや似るが、規則的に羽状に分枝する。

分布　北海道〜琉球
世界の温帯

 和名のように、ゼニゴケ類の中で特に緑色が強い。

# ウスバゼニゴケ〔薄葉銭苔〕

*Blasia pusilla*　ブラシア プシラ　異

斜面が崩れたできた裸地にて。無性芽をつける。(長野県、11月)

葉状体は淡緑色でやや薄く、翼部は半円形に突出して基部に二つの黒点を持つB。この黒点には藍藻類が共生しており、窒素などをコケ本体に供給している。本種は二つの形の無性芽を持ち、一つは球形の無性芽で葉状体にあるとっくり形の無性芽器内にできるC。もう一つは星形で、葉状体の背面につくA。近縁種のシャクシゴケは葉状体の縁がより細かく切れ込み、無性芽器は半月状のくぼみ状。

日照　色　湿度

中間　湿 緑　乾 緑　中間

分布　北海道〜九州
北半球の温帯

多くのコケが藍藻類などと共生する。本種とシャクシゴケは特にわかりやすい。

# ジャゴケ〔蛇苔〕

葉状体

*Conocephalum conicum*　コノケファルム コニクム　(異)

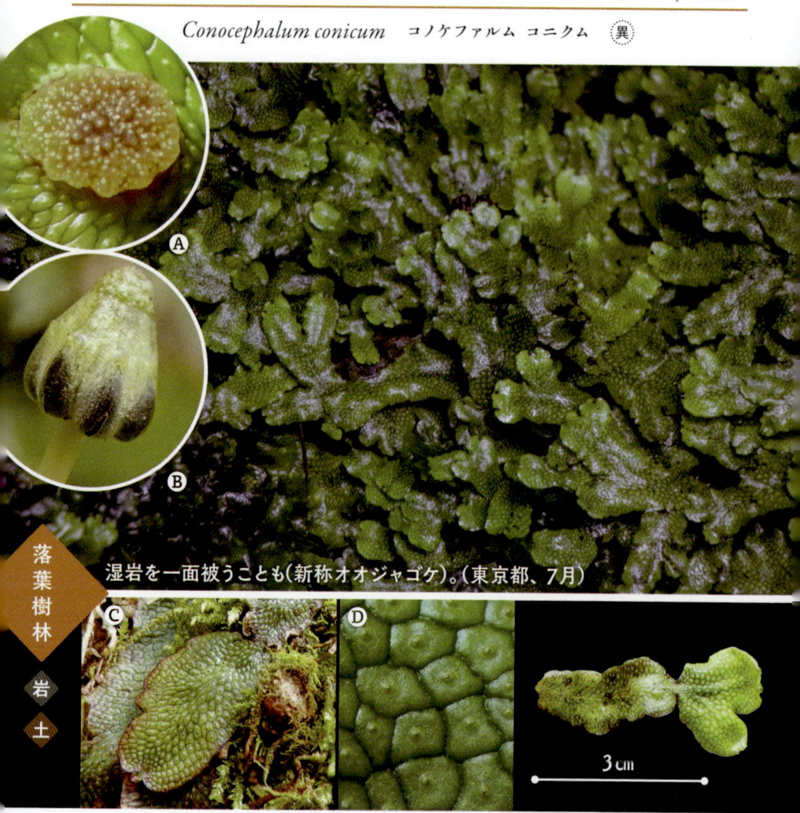


湿岩を一面被うことも(新称オオジャゴケ)。(東京都、7月)

落葉樹林
岩
土

山地の湿った地上や岩上に大群落をつくる。葉状体の表面はヘビの皮のようⒸⒹ。ジャゴケ臭ともいわれるドクダミに似た独特の香りがある。雌器床は円錐形で5〜8裂するⒷ。雄器托は無柄で盤状に盛り上がりⒶ、成熟すると黒色になる。近年ジャゴケで一括りにされていた種が、複数のタイプ(種)に分かれるという見解が出された(オオジャゴケ、ウラベニジャゴケ、タカオジャゴケなど)。

分布　北海道〜琉球
北半球

 雄は精子を空中に噴水のように散布し、離れた個体との受精を可能にしている。

# クモノスゴケ〔蜘蛛之巣苔〕

*Pallavicinia subciliata*　パラヴィチーニア スブキリアタ　異

二叉状に広がる。胞子体が伸び始めている。(鹿児島県、11月)

葉状体は匍匐し、淡緑色〜鮮緑色A。二叉上に分枝し、葉状体の先端はしばしば細く尖る。葉状体中央の中肋は明瞭、仮根は無色。雌包膜(胞子体の周りの包膜)は円筒形になり、やや前方に傾くB。近縁種のクモノスゴケモドキは斜上し、葉状体の先端は細くならない。一方、ニセヤハズゴケも先端が細くならないが、葉状体は不透明な緑色をしており、雌包膜は杯形。千葉県以西に分布。

日照　色　湿度

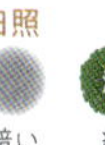

暗い　緑　緑　中間

分布　本州〜琉球
東アジア

和名は、二叉状に伸びる群落をクモの巣に例えて。

# ホソバミズゼニゴケ〔細葉水銭苔〕

*Apopellia endiviifolia*　アポペリア エンディウィーフォリア　異

葉状体の縁がリボンで飾られているかのよう。（長野県、11月）

　葉状体はやや薄くて透明感があり、ときに紅紫色を帯びる。中肋部はやや広くて境界は不明瞭。先端は二叉状に分かれ、仮根は淡褐色。雌包膜は円筒形で春に胞子体を出すⒶ。秋から冬に葉状体の縁にリボン状の無性芽を豊富につけるⒷ。近縁種のエゾミズゼニゴケは無性芽をつけない。また、ミヤマミズゼニゴケの葉状体は不透明な緑褐色で中肋がやや明瞭。翼部は1細胞層で広く、縁は波打つ。

分布　北海道〜琉球
北半球

 ホソバミズゴケでは雄株と雌株が混生すると、雄株が矮小化する。

# ウチワチョウジゴケ〔団扇丁子蘚〕

*Buxbaumia aphylla*　ブクスバウミア アフィラ　異

未成熟の胞子体。成熟すると橙色になる。(長野県、11月)

キセルゴケ属のコケは配偶体の葉や茎が退化し、ほぼ胞子体だけからなる。ただ、胞子体が形成されたあとも原糸体は残り、光合成などを担っている。蒴の上面は平らになり**A**、側部には明瞭な稜ができる。近縁種のクマノチョウジゴケの蒴はほとんど円筒形で、側部に稜はない。クマノチョウジゴケの種小名*minakatae*は、1908年(明治41年)に南方熊楠博士によって初めて採取されたことによる。

| 日照 | 色 | | 湿度 |
|---|---|---|---|
|  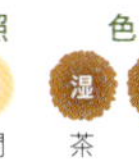 中間 |  湿 茶 |  乾 茶 | 中間 |

分布　北海道〜九州
極東ロシア、欧州、北米、ニュージーランド

和名は、蒴と柄の形が丁字(ちょうじ)になっていることに由来するのだろう。

# カギカモジゴケ〔鈎髢蘚〕

*Dicranum hamulosum*　ディクラヌム ハムロスム　㊊

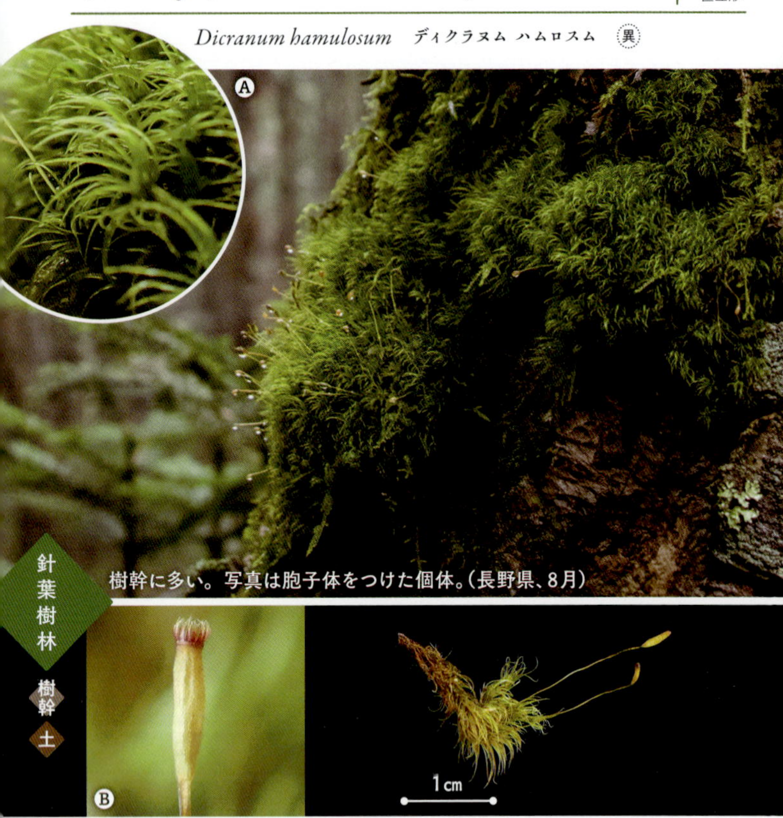


樹幹に多い。写真は胞子体をつけた個体。(長野県、8月)

地上や樹幹に群生する。葉は狭い披針形でⒶ、葉縁の中〜上部には2列に鋸歯が並ぶ。中肋は葉の上部で1/3ほどの幅があり、葉先に達する。乾くと強く巻縮。蒴は直立して円筒形で相称。近縁種のナスシッポゴケは葉の上部はほぼ中肋で占められ、葉先はより細く長く伸びる。また、チャシッポゴケとは蒴の形が異なるが(蒴が傾き、非相称)、胞子体がないときは両種の見分けは難しい。

日照　色　湿度

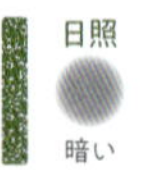

暗い　緑　緑　中間

分布　北海道〜九州
中国、極東ロシア

 髢(かもじ)は、髪を結うときに地毛の足りない部分を補う添え髪のこと。

# チシマシッポゴケ〔千島尻尾蘚〕

*Dicranum majus*　ディクラヌム マユス　異

林床の群落。カモジゴケなどに似るが、より高地に生える。（長野県、10月）

高地の林床に生え、明るい緑色の群落をつくる。葉は狭い披針形で上部は鎌形に曲がる**B**。乾いてもあまり形は変わらない。葉縁の上部の歯は鋭い。中肋は細く、下部で葉の幅の1/10以下。一つの個体に胞子体が1～5本つき、蒴は傾き非相称**A**。雄は小さく（矮雄）仮根の中に生える。蒴をつけていないときはカモジゴケに似るが、カモジゴケは乾くと葉が同方向にきれいにそろって鎌形に曲がる。

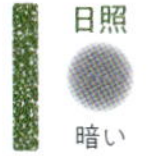

分布　北海道～九州
北半球

葉の特徴だけでは種がわからず、胞子体が決め手になる場合も多い。

# ナミシッポゴケ〔波尻尾蘚〕

直立形

*Dicranum polysetum*　ディクラヌム ポリセトゥム　異

カラマツ林にて。ほかのシッポゴケ類よりがっちりしている。(長野県、11月)

植物体は明るい緑色でややツヤがあり、茎に白い仮根が密生。葉は狭い披針形で鋭頭A、乾いてもあまり形が変わらない。葉身上半部には横ジワがあり、葉縁の上部や中肋の背には鋭い歯が並ぶB。胞子体は一つの茎に2～5本つき、蒴は円筒形。なお、本種の分布は北日本や高標高域に限られている。このように緯度の高い地域や寒冷な地域にのみ分布する生物種は周極要素と呼ばれる。

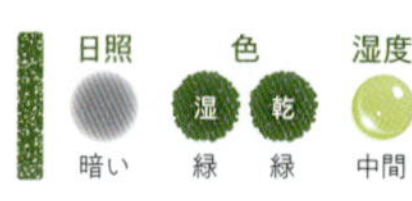


分布　北海道、本州(中部地方以北)
中国、極東ロシア、欧州、北米

ナミシッポゴケは、受精した卵細胞が胞子体になるまでに16か月も要する。

# タカネカモジゴケ〔高嶺髢蘚〕

*Dicranum viride* var. *hakkodense*　ディクラヌム ウィリデ ハッコーデンセ　異

樹幹に生える。青白い色は地衣類（ウメノキゴケ類）の一種。（長野県、8月）

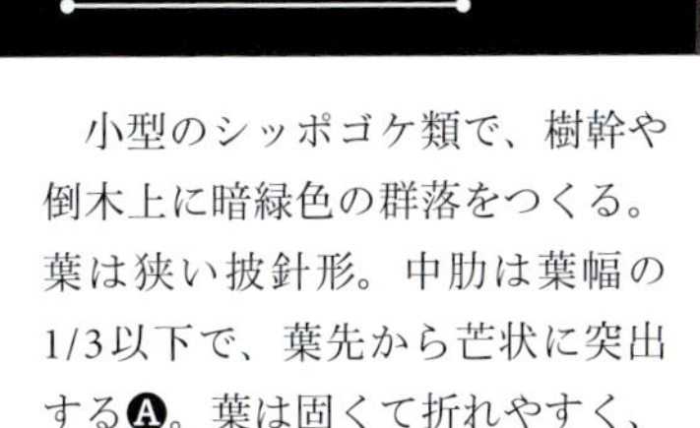


小型のシッポゴケ類で、樹幹や倒木上に暗緑色の群落をつくる。葉は狭い披針形。中肋は葉幅の1/3以下で、葉先から芒状に突出するA。葉は固くて折れやすく、ほとんどの葉が折れていることも多いB。蒴は直立し、相称。近縁種のフジシッポゴケも葉が折れやすいが、サイズが大きい（2〜5cm）。また、中肋が葉の基部で1/3以上の幅があって太く、葉縁が強く内曲する。

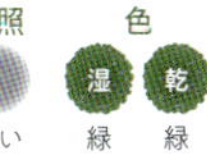

分布　北海道〜九州

シッポゴケ類には、矮雄（わいゆう）をつくる種が多い。

# トカチスナゴケ〔十勝砂蘚〕

*Racomitrium laetum*　ラコミトリウム ラエトゥム　異

蒴は長楕円～円筒形。

岩の側面の群落。胞子体をつけている。(山梨県、11月)

明るい緑色～黄褐色の中型のスナゴケ類で、特に火山地域のやや半日陰の岩上に多い。茎はまばらに分枝し、湾曲する長い枝を出すのが特徴。葉は狭い披針形で漸尖し、葉先は長い平滑な透明尖になるⒶ。葉縁は1細胞の厚さ。近縁種のテリカワキゴケは枝が短く、また透明尖があまり発達しないことで区別できる。なお、この2種は以前、クロカワキゴケの変種として扱われていた。

湿度 中間

分布　北海道～九州
朝鮮、台湾、北米西部

 別種が同種になったり、複数種に分かれたり、科や属が変わることもある。

# ムツデチョウチンゴケ〔六手提灯蘚〕

*Pseudobryum speciosum*　プセウドブリウム スペキオスム　異

花のような雄花盤。

針葉樹林の林床にて。手前のコケはイワダレゴケ。(山梨県、8月)

植物体は大型で深緑色、透明感があって美しい。葉は長い楕円形で鋭頭、葉の表面に多くの横ジワがある。葉縁には舷があり、長いトゲ状の歯が密に並ぶB。中肋は1本で、多くの短い側枝を羽状に出しながら葉先に達する。この姿から別名カシワバチョウチンゴケとも。一つの茎から胞子体を4〜6本出すA。近縁種のタカネチョウチンゴケは葉に横ジワがなく、中肋が葉先に届かない。

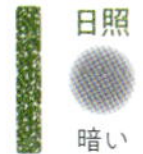

分布　北海道〜四国

ムツデ(六手)は、一つの茎から胞子体が複数出る姿を例えて。

# セイタカチョウチンゴケ〔背高提灯蘚〕

直立形

*Rhizomnium magnifolium*　リゾムニウム マグニフォリウム　異

胞子体はやや未成熟。スギゴケ類が混生する。(長野県、9月)

大型のケチョウチンゴケ類で、茎には褐色の仮根が密生し、下部にまで葉をつけることが多いⒶ。葉は倒卵形で葉先は円頭〜わずかに尖り、中肋は1本でふつう葉先に届かないⒷ。葉縁の舷は葉の上部で弱くなって不明瞭。本種とは対照的に、ウチワチョウチンゴケ属で最も小さいコウチワチョウチンゴケは、茎長2㎜以下ほどの大きさ。褐色の原糸体の上に散生し、蒴は乾くと縦ジワができる。

分布　北海道、本州（中部地方以北）
北半球の北部

 毛葉や仮根は、毛管現象で外部から得た水を植物体全体に行き渡らせている。

# エゾチョウチンゴケ［蝦夷提灯蘚］

*Trachycystis flagellaris*　トラキキスティス フラゲラリス　異

山地の土や岩、腐木上に暗緑色の群落をつくる。早春にエメラルドグリーン色の新芽を出しⒶ、乾くと強く巻縮する。コバノチョウチンゴケ（p72）との違いは、(1) 葉縁に2細胞列の舷があって明るく見え、(2) 対になった歯（双生）があること、(3) 茎の先端に小枝状の無性芽をつけることⒷ。ユガミチョウチンゴケにも似るが、この種は大型（～5cm）で、葉は乾くと弱く一方向に曲がる。

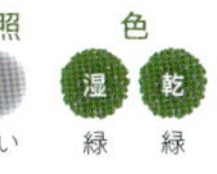

分布　北海道～九州
東アジア、北米西部

種小名は「鞭状（べんじょう）」の意で、無性芽の形状を表している。

# フウリンゴケ〔風鈴蘚〕

*Bartramiopsis lescurii*　バルトラミオプシス レスキューリー　異

風鈴のような形をした蒴がかわいらしい。（長野県、10月）

針葉樹林内の土上に濃緑色の群落をつくる。植物体はほっそりとしている。茎の下半部にはほとんど葉がなく赤褐色で、針金状。葉は楕円形の葉鞘から披針形に伸び、乾くと強く巻縮する。なお、葉鞘の上部の縁にある長毛は本種の特徴の一つⒷ。蒴はベルのような形で、和名はこの蒴の形を風鈴に例えたものⒶ。また、ほかのスギゴケ類の種とは異なり、蒴歯を欠き、帽も無毛。

分布　北海道〜九州
極東ロシア、北米西部

 スギゴケ科の仲間にしては繊細。それがまた風鈴の風情を醸し出している。

# コセイタカスギゴケ〔小背高杉蘚〕

*Pogonatum contortum*　ポゴナトゥム コントルトゥム　異

登山道沿いの斜面に大きな群落をつくる。(山梨県、8月)

落葉樹林〜針葉樹林に生え、セイタカスギゴケ (p218) と混生することが多い。斜面に生える個体は植物体がやや垂れさがる。葉は卵形の葉鞘から披針形に伸びるⒶⒸ。葉は乾くと強く巻縮Ⓑ。中肋は1本で葉先に達する。帽は灰白色の毛で覆われ、蒴は円筒形。種小名は「内曲」の意で、乾燥時の葉の形を表したもの。葉鞘の縁に数個の歯があり、ホウライスギゴケ (p90) との区別点になる。

日照　色　湿度

暗い　湿 緑　乾 緑　中間

分布　北海道〜九州
朝鮮、中国、極東ロシア、北米西部

スギゴケ類には維管束植物のような通導組織が発達し、土壌からも水を吸収できる。

# セイタカスギゴケ〔背高杉蘚〕

*Pogonatum japonicum*　ポゴナトゥム ヤポニクム　異

右下はコセイタカスギゴケ。よく混生する。(山梨県、8月)

針葉樹林の登山道沿いでよく見かけるコケの一つ。日本産スギゴケ類の中で最も大きくなる種で、ときには20cmを越す大物もある。葉は卵形の葉鞘から披針形に伸び🅐🅒、乾くと強く巻縮する🅑。帽には灰白色の毛が密生。近縁種のコセイタカスギゴケ(p217)の葉先はあまり細く漸尖せず、ずんぐりしている。また、コセイタカスギゴケのほうがやや低標高から出現する。

分布　北海道〜九州
朝鮮、中国、極東ロシア

 スギゴケ類の英名はHair-cap moss。毛生え薬に利用されたらしいが効果は不明。

# スギゴケ〔杉蘚〕

*Polytrichum juniperinum*　ポリトリクム ユニペリヌム　異

やや白みがかる。ウマスギゴケとは異なる雰囲気。（北海道、9月）

スギゴケといえばコケの代名詞になるほど有名だが、本種は冷涼な場所に生えるため、実際のスギゴケを見た人は多くはないかもしれない。植物体はやや白みがかった緑色Ⓐ。葉は楕円形の葉鞘から披針形に伸びる。葉縁は全縁で内側に巻き込み、筒状になるⒸ。乾燥すると葉は茎に密着し、群落によっては茶褐色がやや目立つ。中肋は赤褐色で芒状に突出しⒷ、葉身の1/8～1/4の長さになる。

日照　色　湿度

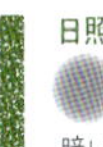

暗い　白　緑-茶　中間

分布　北海道～九州
世界各地

庭園などでスギゴケといわれているのは、ウマスギゴケやオオスギゴケ。

# ヒカリゴケ〔光蘚〕

直立形

*Schistostega pennata*　スキストステガ ペンナタ　同

針葉樹林

土

石のすき間で青緑色に光る。乾燥に弱い。(長野県、9月)

光るコケとして有名。ただ、ホタルのように光るわけではなく、原糸体の一部がレンズ状で、鏡のように入射光を反射するため光って見えるだけである。そのため、光源を背にして見ないと光らないB。配偶体はおもしろい形をしており、葉は披針形で左右2列に並び、葉の基部は下延して下の葉とつながるA。蒴は球形。岩村田(長野県)や吉見百穴(埼玉県)のヒカリゴケは天然記念物に指定。

日照

暗い

色

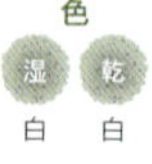

湿　白

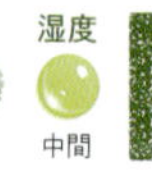

乾　白

湿度

中間

分布　北海道〜本州(中部地方以北)
北半球

 皇居にあるヒカリゴケは、江戸城の石垣工事の際に持ち込まれたといわれている。

# ホソバミズゴケ〔細葉水蘚〕

直立形

*Sphagnum girgensohnii*　スファグヌム ギルゲンソーニー　異

主に林床に分布。ときに湿原にも生える。(山梨県、8月)

ミズゴケの多くは湿原に生えるが、本種は針葉樹林の林床に生える。植物体は淡緑色で水平に出る枝(開出枝)より垂直に出る枝(下垂枝)のほうがずっと長いため、モコモコした形になる**A**。茎葉は舌状で先端のみがささくれ**B**、枝葉は上部が強く反り返る。岩壁から水が染み出ているような林床ではホソベリミズゴケが生えるが、この種の茎葉は二等辺三角形で、先端は狭い切形になる。

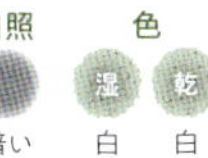

| 日照 | 色 | | 湿度 |
|---|---|---|---|
| 暗い | 湿 白 | 乾 白 | 中間 |

分布　北海道〜九州
北半球

下垂枝は毛管現象を利用して、水を体全体に行き渡らせるのに役立つ。

# アリノオヤリ〔蟻之御槍〕

*Tetraphis geniculata*　テトラフィス ゲニクラタ　同

樹幹の基部にシッポゴケ類（左端）と混生する。（長野県、10月）

ヨツバゴケの蒴

アリノオヤリ
ヨツバゴケ
1cm

樹幹の基部や倒木上に生育。葉は卵形〜披針形で鋭頭。中肋は1本で葉先近くにまで届く。ヨツバゴケ科の蒴は原始的な特徴を残しており、蒴歯は4本のみ。蒴柄の上半分にパピラがあり、中部近くで「くの字形」に曲がるⒶ。茎の先端には3〜4枚の葉がカップ状に集まり、その中に無性芽ができる。近縁種のヨツバゴケはより低標高に分布し、蒴柄がまっすぐで曲がらない。

分布　北海道〜本州
中国、極東ロシア、北米西部

 アリノオヤリとヨツバゴケの雑種は、「アリノヨツバ」と呼ばれている。

# フジノマンネングサ［富士之万年草］

*Pleuroziopsis ruthenica*　プレウロジオプシス ルテニカ　異

大型で美しい。(山梨県、8月)

写真は胞子体を出した個体。

小さなヤシの木のような形をしたコケ。フロウソウ(p151)やコウヤノマンネングサ(p152)に似るが、枝の表面には1～4細胞の高さの薄い板状の組織(ラメラ)があり、枝はより細かく枝分かれして繊細。また、より高地に生えることも見分ける際の参考になる。茎や枝の表面にラメラがあってコウヤノマンネングサなどと大きく異なることから、以前はフジノマンネングサ科に属していた。

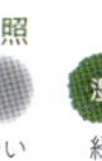

日照：暗い　色：湿 緑／乾 緑　湿度：中間

分布　北海道～四国
東アジア、北米西北部

深山に生えることからホウライソウの別名も。蓬莱山(仙人が住む神仙郷)に由来か。

# ハネヒラゴケ〔羽根平蘚〕

*Neckera pennata*　ネッケラ ペンナタ　(同)

樹幹に生える。胞子体は沈生して目立たない。(山梨県、11月)

大型でツヤがある。一次茎は小さな葉をつけて這うが、二次茎は立ち上がって1回羽状に分枝する。また、各枝が同一平面状に配列し、扇状になることが多いⒶ。枝葉は扁平につき、長い卵形。先は鋭頭で中部以上に横ジワがありⒸ、葉縁には細かい鋸歯がある。中肋は短く、葉長の1/3以下。蒴は苞葉の間に沈生するⒷ。近縁種のサイシュウヒラゴケの二次茎はまばらに分枝し、羽状にならない。

湿度　中間

分布　北海道、本州
世界各地

 欧州では古くからある森林に分布し、本種から過去の森林の広がりを推定できるそう。

# カギハイゴケ〔鍵這蘚〕

匍匐形

*Sanionia uncinata*　サニオニア ウンキナタ　㊐

ややまばらに枝をつける。高地に多い。（長野県、9月）

高地の地上に黄緑色の群落をつくる。茎は不規則な羽状に分枝し、ややほっそりとしている。茎葉は披針形で細く長く漸尖し、葉先は渦巻状になるⒶⒷ。葉面には深い縦ジワがあり、葉縁には細かい鋸歯が発達する。中肋は1本で長く、葉先近くにまで達する。葉がカールすることから、外見はハイゴケ類によく似るが、ハイゴケ類は中肋が2本で短いかほとんど欠くため、見分けるのは容易である。

日照　色　湿度

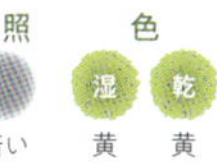

暗い　黄　黄　中間

分布　北海道、本州
北半球

🔍北極域のツンドラ植生を構成する主要種の一つ。

# アラハヒツジゴケ〔荒葉羊蘚〕

匍匐形

*Brachythecium brotheri*　ブラキテキウム ブロテリ　異 同

A

針葉樹林

岩

土

葉が反り返るため、ややツンツンした雰囲気がある。(北海道、11月)

B

C

5cm

日本産アオギヌゴケ属の中で最も大型。茎は不規則に分枝し、植物体は明るい緑色A。茎葉は広い披針形で漸尖して細く尖り、乾くと反り返るかB、ほぼ直角に開出する。葉縁には全周にわたって小さな鋸歯が発達。中肋は1本で長く、葉長の2/3〜3/4ほど。枝葉は広い卵形で漸尖し、鋭頭。葉縁の鋸歯はより明瞭になる。蒴柄は赤褐色で全面にわたって顕著なパピラがあるC。蒴は傾き、非相称。

日照

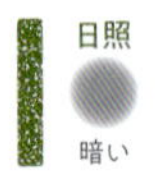

暗い

色

湿緑　乾緑

湿度

中間

分布　北海道〜四国
朝鮮

 アオギヌゴケ属は同定が難しいが、本種は茎葉と蒴柄の特徴からわかりやすい。

# シノブヒバゴケ［忍檜葉蘚］

側匍形

*Hylocomiastrum himalayanum*　ヒロコミアストルム ヒマラヤヌム　異

林床のシノブヒバゴケの群落。（山梨県、10月）

大型で茎の途中から毎年新しい枝が出て階段状になり、細い枝を不規則な羽状に出すA。群落の外観はフジノマンネングサ（p223）に似る。茎葉はほぼ三角形で葉先はやや急に尖る。深い縦ジワがあり、葉縁に歯が発達。中肋は2本で中部近くまで達するが、シワに隠れてわかりにくいB。枝葉は円形に近くて先は広く尖り、中肋は葉長の約3/4に達する。近縁種のヒヨクゴケは茎葉の先が長く尖る。

暗い　緑　緑　中間

分布　北海道〜九州
朝鮮、中国、ヒマラヤ

針葉樹林には、寿命が長く、ほとんど胞子体をつけない大型の種が多い。

# ミヤマリュウビゴケ〔深山龍尾蘚〕

匍匐形

*Hylocomiastrum pyrenaicum*　ヒロコミアストルム ピレナイクム　異

枝先が太く尖った様子は龍の尾のよう。(北海道、11月)

山地の地上に黄緑色の群落をつくり、不規則、羽状に分枝し、階段状にならない。茎は赤褐色で多くの毛葉があり、葉は弱くうろこ状につくⒶ。茎葉は卵形で急に細くなり、葉先は短く尖るⒷ。葉には深い縦ジワがあり、葉縁上部の歯は鋭い。中肋は深い縦ジワにまぎれてわかりにくいことも。枝葉は披針形で鋭頭、縦ジワはほとんどない。中肋は1本で葉の3/4ほどに達することもある。

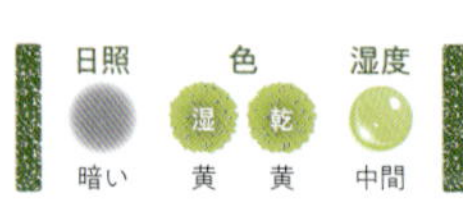


分布　北海道〜四国
ロシア東部、朝鮮、中国、欧州、北米

 コケの和名には「龍」や「虎」という勇ましい名を持つ種が多い。

# イワダレゴケ〔岩垂蘚〕

羽毛形

*Hylocomium splendens*　ヒロコミウム スプレンデンス　異

茎が階段状に伸びる。約4年の生長分が写る。(山梨県、11月)

針葉樹林の林床に大群落をつくるA。茎は毎年新しい茎を階段状に出し、2〜3回平らに羽状に分枝する。記録では20段以上(20年以上)もの階段が数えられたことも。茎は赤褐色になることが多く、毛葉を持つ。茎葉は卵形で葉先は急に細くなって曲がりB、葉縁には全周にわたって小さな円鋸歯がある。中肋は2本で葉の中央かそれ以上に達する。枝葉は小さく、卵形。

日照：暗い　色：湿 黄　乾 黄　湿度：中間

分布　北海道〜九州
北半球、ニュージーランド

英名をStair-step mossといい、階段のような形に由来する。

# タチハイゴケ〔立這蘚〕

匍匐形

*Pleurozium schreberi*　プレウロジウム シュレーバーイ　異

Ⓐ

林床や倒木が広く被われる。針葉樹林に広く分布。（山梨県、8月）

針葉樹林　岩　土　倒木

Ⓑ

5㎝

イワダレゴケ（p229）とともに針葉樹林の林床に大きな群落をつくる。植物体は大型で茎はやや羽状に分枝して赤みを帯び、枝先はやや尖るⒶ。葉は黄緑色で光沢があり、うろこ状につく。葉は卵形～倒卵形。葉先は広い円頭～鈍頭で細く尖らず、ほぼ全縁Ⓑ。枝葉は茎葉よりも小さく長い卵形で円頭～鈍頭。ときに葉縁が内曲して葉先が折り畳まれて鋭頭に見えることも。中肋は2本で短い。

日照　色　湿度

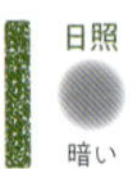

暗い

湿 乾

黄 黄

中間

分布　北海道～九州
北半球

 針葉樹林のコケは1回の降水で最大2.5ℓ/㎡もの雨を貯える（著者の実験より）。

# コフサゴケ〔小房蘚〕

匍匐形

*Rhytidiadelphus japonicus*　リティディアデルフス ヤポニクス　異

岩上の群落。(北海道、11月)

黄緑色～明るい緑色の光沢のある群落をつくり、やや羽状に分枝する。茎は赤褐色Ⓐ。茎葉の下部は広い卵形～横長で基部は明瞭に狭まる。葉先は急に細くなって背側に反り返りⒸ、葉縁上部に鋸歯がある。乾いてもあまり変わらない。中肋は2本で中部以下。枝葉は卵形、葉先は急に尖るⒷ。近縁種のフサゴケは、葉先が細く長く漸尖して著しく背側に反り返り、葉の基部は狭まらない。

| 日照 | 色 | | 湿度 |
|---|---|---|---|
| 暗い | 湿 黄 | 乾 黄 | 中間 |

分布　北海道～九州
極東ロシア、朝鮮、中国

属名は「フトゴケ属に似る」の意。フトゴケ属のほうが早く命名されていたため。

# オオフサゴケ〔大房蘚〕

匍匐形

*Rhytidiadelphus triquetrus*　リティディアデルフス トリクエトルス　異

林床で大きな群落をつくる。(山梨県、7月)

林内の地上や岩上に黄緑色の大きな群落をつくる。植物体は大型で茎は立ち上がり、不規則な羽状に分枝するⒶ。葉は乾いてもあまり形は変わらないが、ときに一方向に曲がる。茎葉の下部は卵形で基部は茎を抱き、葉先は漸尖して鋭頭Ⓑ。葉縁上部には鋭い鋸歯がある。中肋は2本で葉の中部以上に達する。オオシカゴケはやや似た形をしているが、中肋は1本で枝先は明瞭に細くなる。

日照　色　湿度

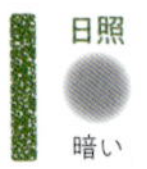

暗い

黄　黄

中間

分布　北海道〜四国
北半球

 和名は、枝先に「房のように」密に葉をつけるからか。

# フジハイゴケ［富士這蘚］

匍匐形

*Hypnum fujiyamae*　ヒプヌム フジヤマエ　異

倒木上。大型でややゴワゴワしている。（奈良県、11月）

最も大型になるハイゴケ類の一種で、長さ10cm以上になることも。山地の腐木上や地上、岩上に黄色みを帯びた群落をつくり、植物体は不規則な羽状に枝を出すⒶ。茎葉は披針形で葉には縦ジワがある。葉先は漸尖し、弱く鎌形に曲がるⒷ。なお、葉縁には小さな鋸歯があり、葉の下部はしばしば外曲する。中肋は2本で、短いか不明瞭。枝葉は卵形の基部から披針形に漸尖し、細く鋭頭。

| 日照 | 色 | | 湿度 |
|---|---|---|---|
| 暗い | 湿：黄 | 乾：黄 | 中間 |

分布　北海道～九州、朝鮮

フジウロコゴケ、フジノマンネングサとともに、富士山麓の名を冠するコケの御三家。

# ミヤマチリメンゴケ〔深山縮緬蘚〕

匍匐形

*Hypnum plicatulum*　ヒプヌム プリカトゥルム　(異)

小型だが大きな群落をつくる。樹幹基部にもよく生える。(北海道、11月)

小型のハイゴケで黄色みを帯びる。やや規則的に羽状に枝を出し、弱く扁平に葉をつけるA。乾いてもほとんど形は変わらないが、葉先がやや下方に曲がるB。茎葉は卵形～三角形の下部から漸尖してやや急に細く尖って針状になり、上部は鎌形に曲がる。葉縁はほぼ全縁。中肋は2本で短い。近縁種のイトハイゴケは密に枝を出し、やや丸く葉をつける。また、葉縁には鋭い鋸歯がある。

分布　北海道～九州
朝鮮、ロシア東部、欧州、北米

 「チリメン」は、群落の質が織物の縮緬(ちりめん)に似ているためだろう。

# ダチョウゴケ〔駝鳥蘚〕

匍匐形

*Ptilium crista-castrensis*　プティリウム クリスタ カストレンシス　異

Ⓐ

腐植土上の群落。見ごたえがある。(長野県、11月)

5cm

Ⓑ

針葉樹林

土

端正な形をしていて、美しいセン類。高地の腐植土上に黄緑色〜明るい緑色の大きな群落をつくり、明るいところでは黄色がかるようになる。植物体は斜上し、規則的に密に羽状分枝して三角形状になるⒶ。葉は披針形の葉身から漸尖し、先は鎌形に曲がるⒷ。葉身には深い縦ジワがあり、葉縁の上部には細かい鋸歯がある。中肋は2本で短いが、不明瞭なことも多い。枝葉は茎葉よりもずっと小さい。

日照　色　湿度

暗い　黄　黄　中間

分布　北海道〜四国
北半球

和名は、植物体がダチョウの羽に似ていることから。

# ミヤマクサゴケ〔深山草蘚〕

匍匐形

*Heterophyllium affine*　ヘテロフィリウム アッフィネ　(同)

倒木に滑らかな群落をつくる。(山梨県、8月)

樹幹基部や倒木上などに生育し、ときに倒木一面を被うほどの大きな群落になる。植物体はややツヤがあって黄色みを帯びる。密に羽状に分枝して枝を水平に出すためⒶ、まるで絨毯(じゅうたん)のような手触り。茎葉は卵形でやや急に尖り、葉縁には鋸歯が発達し、上部では鋭いⒷ。枝葉は小さく披針形で漸尖して細く尖る。葉は乾くと枝に接し、中肋は2本で短い。蒴は傾き、非相称。

| 日照 | 色 | | 湿度 |
|---|---|---|---|
|  |  湿 | 乾 |  |
| 暗い | 黄 | 黄 | 中間 |

分布　北海道～四国
アフリカを除く温帯～熱帯

 本種の群落に落ちたトウヒ(針葉樹)のタネは、高い生存率を示す。

# ホンシノブゴケ〔本忍蘚〕

匍匐形

*Bryonoguchia molkenboeri*　ブリオノグキア モルケンボエリ　異

枝が茎に放射状につくため、群落には立体感がある。(青森県、10月)

シノブゴケ属の種に似る。大型で茎は密に2回羽状に分枝し、枝が茎に対して放射状につくためにブラシのような形になるⒶ。茎葉は広い卵形の下部から急に細長く尖り、葉の表面には深い縦ジワがある。枝葉は茎葉よりも小さく、葉先は短く尖る。茎葉、枝葉ともに葉の背面に大きな牙状のパピラがあり、ルーペでもわかるほど。中肋は1本で葉先に達する。蒴は傾き、非相称。

日照　色　湿度

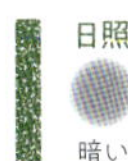
暗い

湿 緑　乾 緑

中間

分布　北海道〜九州
朝鮮、中国、極東ロシア

属名は「野口のコケ」の意。蘚類研究者・野口彰博士(1907-1988)にちなむ。

# オオシノブゴケ〔大忍蘚〕

匍匐形

*Thuidium tamariscinum*　ツイディウム タマリスキヌム　異

針葉樹林
岩
土
倒木

シノブゴケ類の中でも特に美しい。（北海道、9月）

10 cm

山地の日陰の地上に生える大型のシノブゴケ類で、淡い緑色〜黄緑色。茎は3回羽状に分枝しⒶ、茎や枝に毛葉がある。茎葉はまばらにつき、広い卵形で葉先は細く尖り鋭頭Ⓑ。葉身部に縦ジワがある。枝葉は卵形で鈍頭。茎葉、枝葉とも透明尖は発達せず、中肋は葉先より下で終わる。近縁種のコバノエゾシノブゴケはやや小型で枝が短く、枝葉の先端の細胞にもパピラがある。

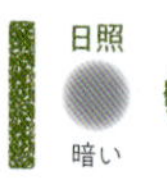

| 日照 | 色 | | 湿度 |
|---|---|---|---|
| 暗い | 湿 緑 | 乾 緑 | 中間 |

分布　北海道〜四国
朝鮮、中国、極東ロシア、欧州

葉が着生シダ植物のシノブに似る。シノブは「土がなくて耐え忍ぶ」が名の由来。

# ツキヌキゴケ〔突抜苔〕

茎葉体（丸葉）

*Calypogeia angusta*　カリポゲイア アングスタ　㊮

倒木に密着した平滑な群落。やや白みがかることも。（長野県、10月）

白緑色をした柔らかい小型のタイ類。葉は半円形〜広い舌形で円頭Ⓐ。腹葉は約1/3まで2裂して側縁はほぼ全縁、基部は茎に下延するⒷ。近縁種のホラゴケモドキは、植物体が青緑色で腹葉の基部は茎に下延しない。フソウツキヌキゴケはブナ帯以下に生え、淡褐色を帯びる。なお、*Calypogeia angusta* がツキヌキゴケと呼ばれているが、国内の種は *C.suecica* にあたるという見解もある。

日照　色　湿度

暗い　白　白　中間

分布　北海道〜本州

ツキギヌゴケ属のコケでは、油体の形態が種を区分する重要な特徴の一つ。

# ケシゲリゴケ〔毛繁苔〕

茎葉体（丸葉）

*Nipponolejeunea pilifera*　ニッポノルジュネア ピリフェラ　異

樹幹。葉縁の毛は折れやすく、ないこともしばしば。（長野県、9月）

　クサリゴケ科のタイ類で樹幹にぴたりと張りつくA。葉は背片と腹片に不等に2裂し、背片は卵形で円頭、葉先に1〜5本の白色の長毛があるB。ただし、折れていることも多い。腹片は卵形でやや小さく、背片の1/3〜1/2の長さ。腹葉は卵形で茎の4〜6倍ほどの幅あって広く、葉先は2裂する。近縁種のタカネケシリゴケはサイズが小さいが、腹片が大きく、背片の3/4から同程度の長さ。

日照 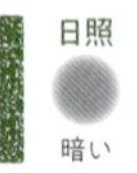 暗い

色  湿 緑　乾 白

湿度  中間

分布　北海道〜九州
東アジア

 属名の*Nipponolejeunea*は「日本のクサリゴケ」の意味だが、日本以外にも分布。

# カタウロコゴケ〔肩鱗苔〕

茎葉体（丸葉）

*Mylia taylorii*　ミリア テイラーイー　異

倒木上に生える。（鹿児島県、11月）

イボカタウロコゴケ

多肉植物のように丸々してかわいらしい。植物体は赤みを帯びることが多い。仮根は茎の腹面に密生し、腹葉はない。葉は広く開出して円形～卵形Ⓐ。背縁は外曲しない。花被にパピラがなく平滑Ⓑ。イボカタウロコゴケの葉は長い舌形で背縁は著しく外曲し、花被にイボ状のパピラが密生。ナメリカタウロコゴケの葉はイボカタウロコゴケに似るが、花被が平滑で、日本では屋久島のみに分布。

| 日照 | 色 | | 湿度 |
|---|---|---|---|
| 暗い | 湿 緑-赤 | 乾 緑-赤 | 中間 |

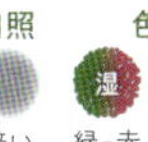

分布　本州～九州
北半球の冷温帯

カタウロコゴケ属は以前はツボミゴケ科に属していた。

# ヒメハネゴケ〔姫羽根苔〕

茎葉体（丸葉）

*Plagiochila porelloides*　プラギオキラ ポレロイデス　異

他のコケ植物のなかに混生。（福井県、3月）

落葉樹林上部〜針葉樹林の腐植土上や樹幹などに生える。植物体は黄緑色〜緑色。葉は重なり、背縁は著しく外曲するⒶ。葉は円形〜広い卵形で長さと幅がほぼ等しくⒷ、葉縁には小さな鋸歯がある。しかし、植物体の大きさや鋸歯の数は変化に富み、ときに鋸歯がない場合も。ミヤマハネゴケに似るが、ミヤマハネゴケの葉縁の外曲はやや弱い。またミヤマハネゴケは主に水辺に生育する。

日照

暗い

色

緑

緑

湿度

中間

分布　北海道〜四国
朝鮮、中国、ロシア、北米

 日本海側の個体は茎が伸長してマルバハネゴケによく似た形になるとされる。

# タカネヤバネゴケ〔高嶺矢羽根苔〕

茎葉体（裂葉）

*Fuscocephaloziopsis leucantha*　フスコケファロジオプシス レウカンタ　異

植物体は小さく、ほかのコケに混生することが多い。（長野県、10月）

小型で匍匐する。葉は離在し、葉の幅は茎の太さと同じでほとんど目立たないⒶ。葉はV字型に2裂し、裂片は狭い三角形Ⓑ。腹葉はない。近縁種のマルバヤバネゴケの葉は茎に対して斜め〜縦につき、背縁の基部は茎に下延する。葉先はU字形に2裂し、それぞれの先端が接することもしばしば。オタルヤバネゴケの葉先も深く2裂するが葉先は接することなく、背縁の基部も下延しない。

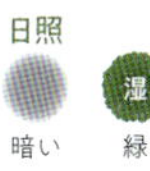

| 日照 | 色 | | 湿度 |
|---|---|---|---|
| 暗い | 湿 緑 | 乾 緑 | 中間 |

分布　北海道〜四国
北半球の冷温帯〜寒帯

「タカネ」は高い峰を指し、高山などに出現する種の和名によく用いられる。

# キリシマゴケ〔霧島苔〕

*Herbertus aduncus*　ヘルベルトゥス アドゥンクス　異

倒木上に生え、斜上する大型の個体。（鹿児島県、11月）

緑褐色でやや光沢がある🅐。葉は葉長の2/3〜3/4まで深く切れ込み、V字形に2裂する🅑。裂片の先はわずかに鎌形に曲がり、葉掌部はほぼ方形で、小さな歯がある。温暖で雲霧（うんむ）がよくかかる地域に生える個体は大きくなって斜上するが、高標高域や冷涼な地域では個体サイズが小さい。近縁種のサクライキリシマゴケは湿っても葉が腹側に曲がったままで、葉は2/3程度まで2裂する。

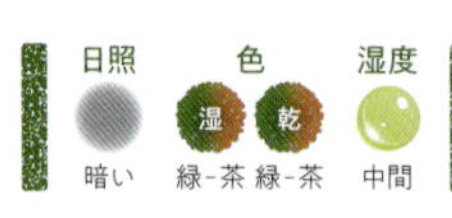


分布　北海道〜琉球（奄美大島）
北半球

 亜高山帯に広く分布するが、本来の生育環境は雲霧帯だと考えられている。

# エゾムチゴケ〔蝦夷鞭苔〕

茎葉体(裂葉)

*Bazzania trilobata*　バッザーニア トリロバタ　異

イモムシのようにも見える。

ほかのムチゴケ類と比べて、群落の形が整っている印象。(北海道、9月)

中型でやや端正な形をしたムチゴケ類。葉は卵形で先端に3歯あり、葉と腹葉はつながらない。腹葉は葉と同じ色で斜めに開出し、丸味を帯びた方形で幅は茎径の2倍ほど。先端は不規則に裂け歯状になるA。近縁種のフォーリームチゴケは西南日本の低地に分布。葉は乾くと著しく腹側に曲がり、腹葉は薄壁の細胞で縁取られる。ムチゴケ類の腹葉についてはp121も参照。

日照

暗い

色
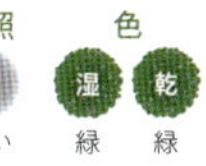

緑　緑

湿度

中間

分布　北海道〜四国
北半球の冷温帯

蝦夷(エゾ)の名を持っていても、琉球に生える種もある。

# ヨシナガムチゴケ〔吉永鞭苔〕

茎葉体（裂葉）

*Bazzania yoshinagana*　バッザーニア ヨシナガナ　異

やや朽ちた倒木を好んで生える。（長野県、10月）

針葉樹林　岩　土　樹幹　倒木

樹幹基部、腐木上に生える大型のムチゴケ類で、ムチゴケ類の特徴である腹面から伸びる鞭枝（べんし）（ムチ）がよく目立つⒶ。葉の先端には3歯あるか、ときに不規則な歯状。乾燥すると葉は腹側に曲がる。葉は腹葉と基部でつながり（癒合）、腹葉は葉と同じ色で縁は基部から著しく外曲するⒷ。近縁種のヤマトムチゴケ（p121）は低地に生えて個体サイズも小さく、腹葉の縁は先端のみが外曲する。

日照　色　湿度

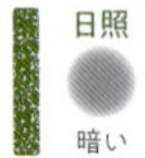
暗い

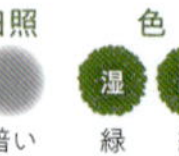
湿 緑　乾 緑

中間

分布　本州～九州
中国

 「ヨシナガ」は、高知出身の植物学者・吉永虎馬氏（1871-1946）にちなむ。

# タマゴバムチゴケ［卵葉鞭苔］

茎葉体（裂葉）

*Bazzania denudata*　バッザーニア デヌダタ　異

茎の基部にある葉が脱落している。（長野県、10月）

樹幹基部や倒木上に生える小型のムチゴケ類。葉は脱落しやすく、茎だけになることもA。葉は卵形で先端に2〜3歯ある。腹葉は平たく広い卵形で、茎の太さの2〜3倍の幅、先端は全縁〜円鋸歯状B。近縁種のフタバムチゴケも葉が脱落しやすいが、タマゴバムチゴケよりも小型で、葉は平面的で先細り、葉先は1〜2歯しかない。また、腹葉はほぼ円形、腹葉の上縁は波状〜全縁になる。

日照

暗い

色
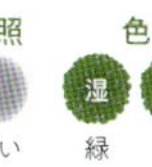

緑　緑

湿度

中間

分布　北海道〜九州
北半球の冷温帯

和名は葉の形からか。卵形の葉を持つコケでも、名に「タマゴ」がつくものは少ない。

# ミヤマスギバゴケ〔深山杉葉苔〕

*Lepidozia subtransversa*　レピドジア スブトランスウェルサ　異

斜上するため、群落は立体的になる。（鹿児島県、11月）

茎は不規則に1～2回分枝して斜上し、枝の先は鞭状（べんじょう）になるⒶ。葉は接在し、葉の1/3～1/2まで3～4裂する。裂片は三角形で基部は広いⒷ。腹葉は葉と同様の形をしているが、サイズがやや小さい。近縁種のハイスギバゴケの茎は這って斜上せず、裂片の基部はやや狭い。また、スギバゴケはより低標高から出現し、植物体は小さい。葉の裂片の基部と葉掌部は前2種と比べて狭い。

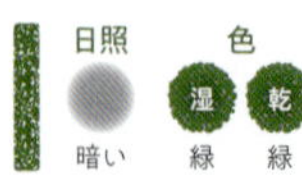

湿度：中間

分布　本州～九州
朝鮮、北・南米、ニュージーランド

 センン類と異なり、タイ類には葉が深く裂ける種が多い。

# タカネイチョウゴケ〔高嶺銀杏苔〕

茎葉体（裂葉）

*Lophozia silvicoloides*　ロフォジア シルウィコロイデス　異

倒木上の群落。葉縁に球形の無性芽をつけている。（長野県、9月）

タカネイチョウゴケ属のコケはやや柔らかく華奢（きゃしゃ）な印象A。本種は針葉樹林の地上や倒木上を匍匐する。葉は中央がややくぼんだ弱い凹面（おうめん）状で、長さが幅よりも長い。葉の側縁は円弧状に張り出す。葉先は浅くV字形に2裂し、裂片は鋭頭B。腹葉はない。無性芽は緑色～白緑色。花被は長い卵形で上部に多くの稜が発達。近縁種のフォーリーイチョウゴケは、葉の側縁が明瞭には張り出さない。

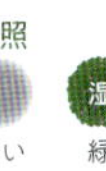

分布　北海道、本州

本種の種小名は「森の住人」の意。なかなか洒落ている。

# シロヤバネゴケ〔白矢羽根苔〕

*Fuscocephaloziopsis albescens*　フスコケファロジオプシス アルベスケンス　異

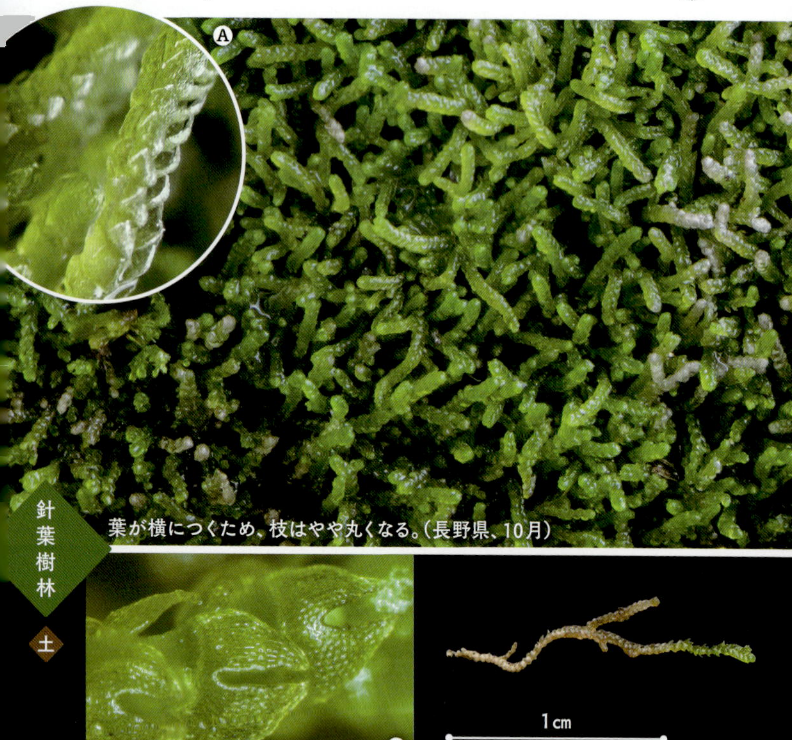


葉が横につくため、枝はやや丸くなる。（長野県、10月）

高地の湿った地上や湿原に生え、植物体はやや白みがかった緑色。茎は長くて5～10cmほどになり、不規則に1～2回羽状に分枝する。葉は横について斜めに開出して接在～重なりⒶ、中央がくぼんだ凹面状。葉は約1/3までU字型に2裂し、裂片は全縁で鈍頭Ⓑ。腹葉は小さく舌形～披針形、幅はほぼ茎に等しい。近縁種のエゾヒメヤバネゴケは緑褐色～灰緑色で鞭枝を持ち、葉は離在して長い卵形。

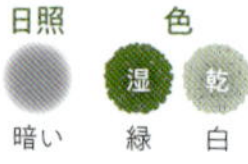
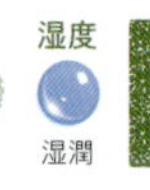


分布　本州（中部）
中国、欧州、北米

 ヤバネゴケ科は、ムチゴケ科に似た種から葉も腹葉も退化した種まで形態はさまざま。

# イチョウゴケ［銀杏苔］

茎葉体（裂葉）

*Tritomaria exsecta*　トリトマリア エクスセクタ　異

倒木上の個体。一部の蒴が裂けている。（山梨県、6月）

倒木上などに生育する。植物体は小型で斜上し、緑褐色。葉は茎にほぼ横について背側に強く偏向しⒶ、幅よりも長く、中央がくぼんだ凹面状。葉先は浅く不等に2～3裂し、裂片は三角形で鋭頭、全縁Ⓑ。無性芽は赤く球形。近縁種のエゾイチョウゴケは葉の長さが幅より短く平面的で波打つ。アイバゴケとフサアイバゴケは葉が葉長の6/7以上まで深く切れ込み、前種は3裂、後種は4裂する。

日照　色　湿度

暗い　湿 緑　乾 緑　中間

分布　本州～九州
北半球の寒帯

イチョウゴケやその近縁種は高地に多く、この仲間を見ると山に登った気分になる。

# マツバウロコゴケ〔松葉鱗苔〕

茎葉体（裂葉）

*Blepharostoma trichophyllum*　ブレファロストマ トリコフィルム　同

小さく目立たない。ほかのコケ群落に混生することが多い。（長野県、10月）

針葉樹林

土
倒木

糸状のコケで、葉は茎の先端部にあるものほど大きい。葉は深く3～4裂し、裂片は針のように細く、先端は内曲しない**AB**。花被は長さが幅の約3倍あって細長い。近縁種のチャボマツバウロコゴケは、(1) 主に低地に分布する、(2) 茎の位置によって葉の大きさが変わらない、(3) 葉と腹葉がやや内曲する、(4) 花被はややずんぐりして長さが幅の約2倍、といった点で見分けがつく。

日照
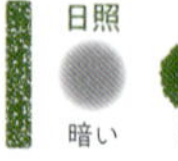
暗い

色
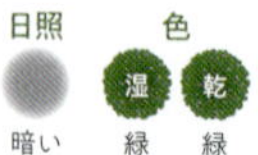
湿 緑　乾 緑

湿度

中間

分布　北海道～九州
中国、ロシア、北米

 「マツバ」は、深裂した葉を松葉に見立てて。

# テガタゴケ〔手形苔〕

茎葉体（裂葉）

*Ptilidium pulcherrimum*　プティリディウム プルケリムム　異

樹幹。トゲトゲの葉と褐色の色合いが特徴。（長野県、10月）

樹幹や倒木上に赤褐色〜緑褐色の群落をつくる。茎は匍匐して不規則な羽状に分枝するⒶ。葉は不等に3〜4裂し、葉長の2/3〜3/4ほどまで深く切れ込む。各裂片には5〜10本の長毛が発達Ⓑ。腹葉は茎径のほぼ2倍の幅で、葉掌部はお椀（わん）をふせたように凸（とつ）状にふくらむ。近縁種のケテガタゴケの腹葉は平坦。また、カリフォルニアテガタゴケは裂片の縁の長毛は少なく、2〜3本のみ。

分布　北海道〜九州
北半球の冷温帯

和名の由来は、手の形のように葉が裂けることから。

# コオイゴケ〔子負苔〕

*Douinia plicata*　ドゥアニア プリカタ　㊀

大型のヒシャクゴケ類。中央にスギゴケ類が混生。（長野県、9月）

植物体は明るい緑色〜褐色で直立。葉は不等に2裂して背側と腹側に強く折り畳まれ、背片は腹片よりも小さいⒶ。腹片は長い舌形でやや鎌形に曲がり、円頭、葉縁は全縁〜細かい歯が発達する。背片は腹片の2/3長で円頭Ⓑ。腹葉はない。花被は円筒形で稜が多く、口部は切形で長毛がある。近縁種のシロコオイゴケは植物体が小さく1〜3㎝ほど、葉の中央には太い筋（ビッタ）がある。

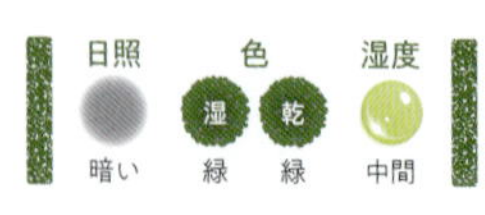


分布　北海道〜九州
シベリア、樺太、東アジア、北米

 一般に、湿度が高い場所はタイ類の割合が高くなる傾向がある。

# ヌマヒシャクゴケ［沼柄杓苔］

茎葉体（裂葉）

*Scapania paludicola*　スカパニア パルディコラ

倒木上。背片、腹片ともに鋸歯がほとんど発達しない。（長野県、9月）

針葉樹林の湿原などに生える。植物体は直立し、黄緑色。葉は不等に二裂し、背片は心臓のような形。腹片は円形～広い卵形で葉先は鈍頭。葉縁にはまばらに鋸歯がある。キールは短く、著しく弓形に凹むのが特徴。近縁種のオゼヒシャクゴケの葉の背片は楕円形に近く、腹片は倒卵形。葉は全縁～まばらに鋸歯があり、キールはほとんど弓形に凹まない。またこの種は腐植土や倒木上に生える。

日照　色　湿度

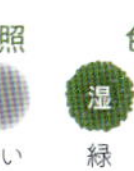

暗い　緑　緑　中間

分布　本州
中国、ロシア、欧州、北米

ある種のアミノ酸を加えると、ヒシャクゴケ科の葉はさまざまな形になるそうだ。

# キヒシャクゴケ〔黄柄杓苔〕

茎葉体（裂葉）

*Scapania bolanderi*　スカパニア ボーランダーイ　異

スギバゴケ類、ハイゴケ類と岩上に混生。（山梨県、8月）

植物体は緑色〜明るい緑色で、ときに濃褐色。葉腋には不規則に分枝した長毛がある。葉は不等に2裂し、背片は腹片の1/2の長さで卵形、葉縁には規則的に歯がある❹。腹片は卵形〜舌形で、葉先は鈍頭〜鋭頭。葉縁の歯はややまばらで大きく、腹縁基部にも不規則に分枝した長歯がある❸。近縁種のオオヒシャクゴケは湿ると背片が立ち、腹縁基部にはキヒシャクゴケのような長歯はない。

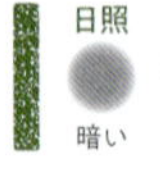

分布　北海道〜四国
北米

 葉腋の長毛は「シカの角のような形」と表現されることがある。

# キザミイチョウゴケ〔刻銀杏苔〕

茎葉体（裂葉）

*Schistochilopsis incisa*　スキストキロプシス インキサ　㊂異

葉縁の鋭い歯が目立つ。（長野県、7月）

腐木などに淡緑色〜緑色の柔らかい感じの群落をつくる。茎は基物上を這い、二叉状に分枝。葉は茎に横について斜めに開出し、背片と腹片に2裂するⒶ。背葉は葉の折れ目（キール、p25）の真上に付着し、背片、腹片ともに葉縁に不規則に多数の細く尖った歯があるⒷ。仮根は茎の面に密生し、無色。近縁種のオヤコゴケの背葉はキールのやや上に付着し、葉縁の歯の数は少なく、0〜数個程度。

日照　色　湿度

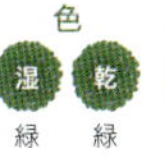

暗い　緑　緑　中間

分布　北海道〜九州
北半球の寒帯

ツボミゴケ科やイチョウウロコゴケ科に属していたが、現在はヒシャクゴケ科。

# タカネスジゴケ〔高嶺筋苔〕

葉状体

*Riccardia subalpina*　リッカルディア スブアルピナ　同

湿った倒木上に生える。（長野県、8月）

スジゴケ属のコケは天草(てんぐさ)のような形をしており、主軸の葉状体は太くて厚く、柄は細くて薄くなる傾向がある。この属のコケは温暖な地域に生えるものが多いが、本種は針葉樹林の倒木上などに生える。葉状体は緑褐色で、不規則に1〜3回羽状に分枝。葉状体表面の細胞壁は著しく厚い。近縁種のヒロハテングサゴケも針葉樹林の倒木上に生えるが、葉状体は鮮緑色。枝はしばしば斜上し、掌状になる。

日照　色　湿度

暗い

湿 緑

乾 緑

中間

分布　北海道、本州

 スジゴケ属はシダの前葉体に似ており、コケだと思われていないこともしばしば。

# ミヤマスナゴケ〔深山砂蘚〕

*Racomitrium fasciculare*　ラコミトリウム ファスキクラレ　異

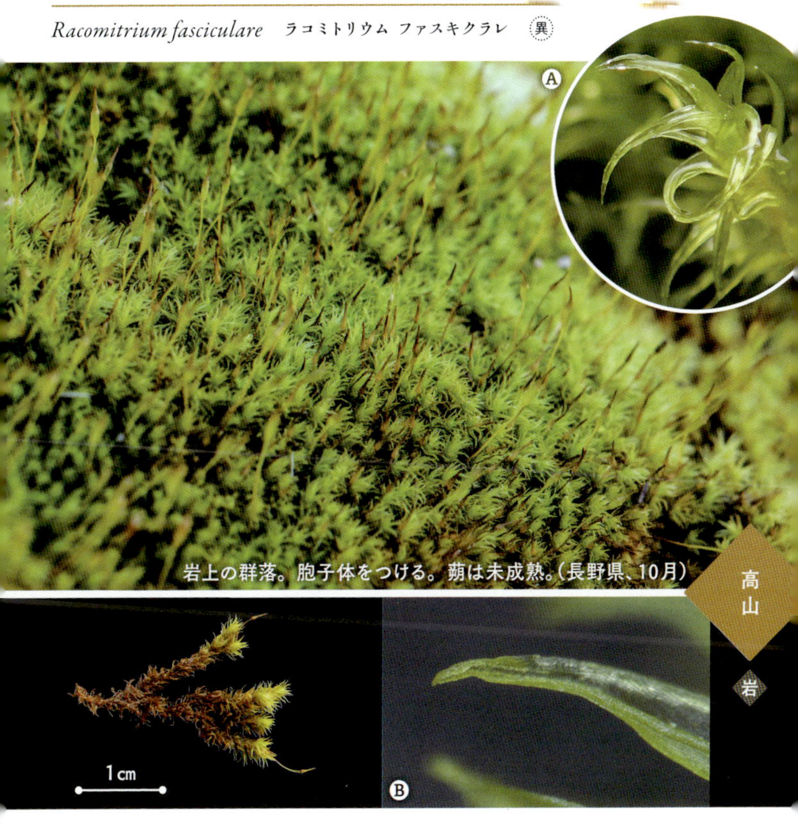


岩上の群落。胞子体をつける。蒴は未成熟。(長野県、10月)

高地の日陰や湿った岩上に多く、植物体は黄緑色で短い枝を持つ。葉は卵形で葉先は漸尖して鋭頭、透明尖がないAB。また、葉の基部にはシワがない。近縁種のナガエノスナゴケは体サイズが大きく10cmにも達する。葉先はわずかに鶏冠(とさか)状になり、葉の基部にシワがある。一方、チョウセンスナゴケでは葉先はしばしば短い透明尖になり、葉の上部は乾くと中肋に沿って折り畳まれる。

分布　北海道〜九州
北半球

コケには土壌流失の軽減などの役割も。植生が発達しづらい高山では特に重要。

# シモフリゴケ〔霜降蘚〕

*Racomitrium lanuginosum*　ラコミトリウム ラヌギノスム　異

遠くから見てもわかる白みを帯びた大群落。(長野県、10月)

高地の日当たりのよい地上や岩上に大きな群落をつくる。植物体は暗緑色〜黒緑色、もしくは黄色みを帯びるA。触ると固い感触がある。葉は羽状に分枝し、葉は狭い披針形、葉先には背の高いパピラを持つ長い透明尖が発達する。この透明尖は葉縁に沿って葉の中部付近にまで流れ込むため、葉先では白色部分が目立つB。葉は乾くと通常は鎌形に曲がり、茎に密着する。

分布　北海道〜九州
世界の温帯〜寒帯

 和名は、透明尖が発達して白色がかった群落が霜が降ったように見えることから。

# ヌマゴケ〔沼蘚〕

*Pohlia longicollis*　ポーリア ロンギコリス　(同)

岩壁に生える。(長野県、9月)

高地の地上や岩上に生え、弱い光沢がある。葉は披針形で長く尖り、葉縁は平坦〜弱く外曲し、上部には細かい鋸歯が発達。中肋は1本で葉先に達するか、もしくは短く突出する。蒴は円筒形で長いが、頸部は本体よりも短いⒶ。近縁種のナガヘチマゴケは葉にほとんど光沢がなく、蒴の頸部が本体より長い。また、ツヤヘチマゴケは強い金属光沢があり、中肋は葉先のかなり下で終わる。

日照　色　湿度

中間　湿 緑　乾 緑　中間

分布　北海道〜九州
北半球の北部

ヘチマゴケ属 (*Pohlia*) は、蒴の形態や無性芽の形が種の区別に重要。

# ケスジスギゴケ〔毛筋杉蘚〕

*Pogonatum dentatum*　ポゴナトゥム デンタトゥム　異

高地の土上。やや白みを帯び、不透明な色。(長野県、8月)

高山

岩

土

B

5㎜

高山の日当たりのよい土上に生え、植物体は灰緑色。茎はほとんど枝分かれせず、葉は茎の上部に集まる。葉は広い葉鞘から披針形に伸びⒶ、乾いてもほとんど縮れず茎に密着する。帽には多くの毛が密生するⒷ。なお、スギゴケ類では、葉身の上に数細胞の高さからなる薄い板状の構造(ラメラ)が発達する。このラメラの先端にある細胞の形は種ごとに異なり、種を同定する際の特徴の一つ。

日照

明るい

色

白　緑-茶

湿度

中間

分布　北海道、本州
アジア北部、欧州、北米

 高山の山頂でお昼にしようと腰を下ろすと、かなりの確率で本種を見つける。

# タカネスギゴケ〔高嶺杉蘚〕

*Pogonatum sphaerothecium*　ポゴナトゥム スファエロテキウム　異

球形の大きな胞子体がかわいらしい。（長野県、9月）

高山の岩上に生える小型のスギゴケ類で、火山岩の上に多く、やや湿った場所を好む。ほかのスギゴケ類とは外観が少し異なり、葉は重なり合って茎につき、植物体が紐(ひも)状になる。葉は卵形の葉鞘から披針形に伸び、上部の葉縁は内側（葉の表面側）に巻き込んで筒状。葉は乾くと茎に密着する。帽は長毛に覆われB、蒴は大きくほぼ球形～卵形で垂れさがるようにつくA。

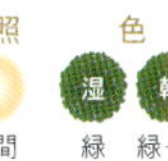

| 日照 | 色 | 湿度 |
|---|---|---|
| 中間 | 湿：緑　乾：緑-茶 | 中間 |

分布　北海道～本州
中国、朝鮮、極東ロシア、アリューシャン

葉のつき方はジムカデなどの高山植物に似る。高山環境への適応の結果だろう。

# ハリスギゴケ〔針杉蘚〕

*Polytrichum piliferum*　ポリトリクム ピリフェルム　異

葉先には長い透明尖が発達する。(長野県、10月)

小型のスギゴケで、高地の日当たりのよい地上に生える。葉は上部に集まってつき、葉は卵形の葉鞘から披針形に伸び、全縁。乾くと茎に密着するA。葉の上部は葉縁が内側に巻き込んで筒状になる。中肋は透明の芒状に長く突出し、葉の1/3〜1/2ほどの長さがあるB。葉縁が巻き込むのは、葉表面を厳しい寒さから保護するためで、高山への環境適応の一つだと考えられている。

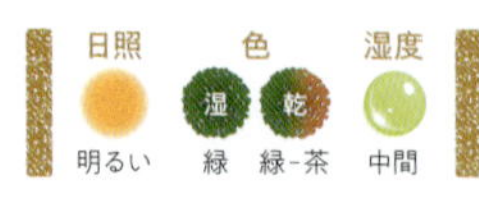


分布　北海道〜本州
世界各地

 低標高でも、気温が低く維持される風穴(ふうけつ)などでは高地のコケが見られる。

# マルダイゴケ〔丸大蘚〕

直立形

*Tetraplodon mnioides*　テトラプロドン ムニオイデス　異

蒴は大きく赤褐色。頸部がよく発達する。（長野県、10月）

蒴の美しさからコケの女王と呼ばれることも。茎の下部は仮根で覆われ、葉は卵形で全縁、葉先は急に短く尖るⒶ。中肋は1本で葉先に達する。胞子体は茎の先端につき、黄赤色〜濃赤褐色。蒴は直立して相称、古くなると黒褐色になるⒷ。蒴の頸部は壺よりずっと太い。近縁種のユリミゴケの葉は狭く、漸尖して上半部に歯があり、蒴の頸部と壺はほぼ同じ太さ。いずれも動物の糞（ふん）や死骸に生える。

日照  中間　色  湿 緑　乾 緑　湿度  中間

分布　北海道、本州（中部地方以北）
北半球の寒冷地

蒴から腐敗臭を出してハエ類をおびき寄せ、胞子の散布に一役買わせている。

# ナンジャモンジャゴケ〔なんじゃもんじゃ蘚〕

*Takakia lepidozioides*　タカキア レピドジオイデス　異

小さく糸状。のど薬の「龍角散」の香りがする。(長野県、10月)

高地の岩の上や隙間などに生える。植物体は糸状、下部から鞭枝(べんし)を出す。葉は棒状で2本ずつが対になり、3列につく傾向があるⒶ。造卵器はむき出しのまま茎の上部に散生し、苞葉などで保護されない。本種は白馬岳(長野県)で発見され、その原始的な形態から藻(そう)類かコケか、コケならタイ類かセン類かと議論になり、正体が不明だったことから、インパクトのある和名がつけられた。

分布　北海道～本州
中国、ヒマラヤ、ボルネオ、北米西部

 属名は、発見者の蘚苔類研究者・高木典雄博士(1915-2006)にちなむ。

# クロゴケ〔黒蘚〕

*Andreaea rupestris* var. *fauriei*　アンドレアエア ルペストリス フォーリー　共

岩上にクッション状の群落をつくる。(長野県、8月)

高地の岩上に生え、小型で黒色〜黒赤色。葉は密につき、卵形で葉先は鈍頭、中肋がない。葉は乾くと茎に密着しⒷ、湿ると広く展開するⒶ。蒴は卵形でわずかに苞葉の上に出る。成熟すると縦に四つのスリットが入り、行灯(あんどん)のようⒸ。近縁種のガッサンクロゴケはずっと大きく4〜10cm、雪解け水をかぶる場所に生える。葉は卵形の基部から披針形に伸び、葉先はしばしば鎌形に曲がる。

分布　北海道〜九州
中国、朝鮮

クロゴケの行灯(あんどん)形の蒴は、原始的な蒴の特徴を強く残している。

# ツリミギボウシゴケ〔釣見擬宝珠蘚〕

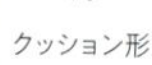
クッション形

*Grimmia fuscolutea*　グリミア フスコルテア　同

Ⓐ
胞子体はおじぎをするように湾曲する。(長野県、9月)

高山
岩

ヤリギボウシゴケ

ヤリギボウシゴケの群落。

高山の日当たりのよい岩上に小さな緑色〜緑褐色のクッションをつくる。葉は披針形で葉先に短い透明尖があり、乾くと不規則〜らせん状に茎に密着Ⓐ。葉の幅が最も広いところで葉縁は外曲する。蒴柄は湾曲し、蒴は卵形。ヤマゴケも本種と同様に蒴柄が湾曲するが、葉に透明尖がなく、蒴はほぼ球形。近縁種のヤリギボウシゴケの葉にも透明尖が発達せず、蒴柄はまっすぐで湾曲しない。

| 日照 | 色 | | 湿度 |
|---|---|---|---|
| 明るい | 緑 | 黒 | 乾燥 |

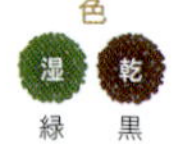

分布　本州
ヒマラヤ、欧州(中〜北部)

 高山の日当たりのよい岩上には、ギボウシゴケ科のコケが多い。

# アオギボウシゴケ〔青擬宝珠蘚〕

クッション形

*Grimmia reflexidens*　グリミア レフレクシデンス　同

透明尖がよく発達し、群落は青白っぽく見える。（長野県、10月）

高山の岩上に生え、ギボウシゴケ科のコケには珍しく植物体は青緑色。葉は披針形で鋭頭、乾くと茎に密着。葉は強く折り畳まれて上部は溝状となり、葉の先端に長い透明尖があるⒶ。葉縁は平坦〜やや内曲する。蒴は楕円形で沈生しないⒷ。近縁種のツクシツバナゴケは植物体が灰緑色で長い透明尖を持ちアオギボウシゴケに似る。しかし、乾くと葉が茎にうろこ状につき、蒴は苞葉の間に沈生する。

| 日照 | 色 | | 湿度 |
|---|---|---|---|
| 明るい | 湿 緑 | 乾 白 | 乾燥 |

分布　北海道〜九州
アルタイ、コーカサス、欧州

著者の研究から、地球温暖化が進むと高山のコケが激減するという結果が得られた。

# キツネゴケ〔狐蘚〕

ぶらさがり形

*Rigodiadelphus robustus*　リゴディアデルフス ロブストゥス　異

木の枝からやや垂れさがるように生える。（長野県、8月）

高地の樹上に明るい緑色の群落をつくり、樹幹から垂れさがることも多い。茎は不規則に分枝し、小さな毛葉がある。葉は披針形で葉先は毛状に長く伸び、基部は狭く茎に下延する。葉には縦ジワがあり、乾くと茎に密着して縮れないⒶ。中肋は1本で長く、葉先の下で終わる。近縁種のイイシバゴケとタカネゴケの葉先は毛状にならず、前種は細く長く尖り、後種は短く尖る。

| 日照 | 色 | | 湿度 |
|---|---|---|---|
| 中間 | 湿 緑 | 乾 緑 | 中間 |

分布　北海道〜九州
極東ロシア、朝鮮

 高地では冬季の低温の影響か樹幹のコケは少なく、垂れさがるコケはほとんどない。

# フトゴケ〔太蘚〕

匍匐形

*Rhytidium rugosum*　リティディウム ルゴスム　異

お花畑にて。高山植物に混生する。(長野県、9月)

高地の岩上や腐植土上に黄緑色〜緑褐色の群落をつくり、草本(そうほん)に混在してお花畑にもよく生える。植物体は大型でときに10cm以上になり、茎は斜上して不規則な羽状に枝を出す。葉は密につき、葉身には多くのシワが発達B。葉先は漸尖して細く尖り、一方向に鎌形に曲がるA。葉縁はやや外曲し、葉縁の上方には細かい鋸歯がある。中肋は1本で葉の1/2長に達する。枝葉は茎葉に似るが、小さい。

| 日照 | 色 | | 湿度 |
|---|---|---|---|
| | 湿 | 乾 | |
| 中間 | 黄 | 黄 | 中間 |

分布　北海道〜四国
北半球

和名の由来は紐(ひも)のように太いからか。丸々していてかわいらしい。

# ヒメカサナリゴケ〔姫重苔〕

茎葉体（裂葉）

*Anthelia juratzkana*　アンテリア ユラツカナ　同

個体が密に重なる。（長野県、10月）

高山の岩壁などに灰緑色の薄い群落をつくるA。植物体は小さく、葉は横について斜めに開出し、葉と腹葉の大きさはほぼ同じ。葉は1/2〜2/3まで2裂し、裂片は披針形で全縁。独特の葉色はする藍藻（らんそう）によるもので、共生関係があるとされる。本種からは共生していると思われる別の菌類も見つかっており、複数の生物が協力することで、厳しい高山環境に耐えていると考えられる。

日照　色　湿度

中間　白　白　中間

分布　北海道〜九州
北半球の寒帯

 コケから菌類を介して、樹木にリンなどの栄養塩類（p287）が受け渡される。

# フォーリーサキジロゴケ〔ふぉーりー先白苔〕

茎葉体（裂葉）

*Gymnomitrion faurianum*　ギムノミトリオン フォーリアヌム　異

ルーペで見るとサンゴのよう。（長野県、10月）

高山の岩上などに白緑色の群落をつくる。植物体は小さく紐（ひも）状で、葉は卵形で横について密に重なるA。葉は浅く2裂し（1/7～1/5程度）、裂片は鋭頭～鈍頭。葉縁は透明な細胞で縁取られるために白く見えるB。近縁種のヒメサキジロゴケは緑黄色～濃褐色で、葉はより深く2裂する（1/5～1/4程度）。ノグチサキジロゴケは銀緑色だが、葉の先端が2裂せずに円頭。前2種と比べてまれ。

日照　　中間
色　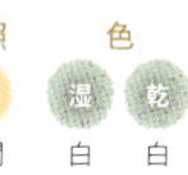　湿 白　乾 白
湿度　　中間

分布　北海道～九州
北半球の寒帯

本種はサキジロサンゴゴケとされてきたが、別種であるという見解が出された。

# ジンチョウゴケ〔沈丁苔〕

葉状体

*Sauteria spongiosa*　ザウテリア スポンギオサ　同

白みを帯び、柔らかい感じがする。(長野県、9月)

葉状体は白緑色でスポンジ状になっておりⒶ、ほかの属からの区別は容易。雌器床は4〜5裂するⒷ。ジンチョウゴケ属のコケは日本では3種あるとされるが(すべて同一種とみなす見解あり)、いずれも個体数が少なく、既存の産地の一部地域ではすでに絶滅したとみられる。なお、ジンチョウゴケ属と同様の環境に生えるリシリゼニゴケは、葉状体が緑色で葉縁は赤色を帯びる。

日照　色　湿度

中間　白　白　中間

分布　北海道〜本州
北半球の寒帯

 本種やサイハイゴケなど高山に特有の種は、氷河期からの生き残り(レリック種)。

# オオミズゴケ〔大水蘚〕

*Sphagnum palustre*　スファグヌム パルストレ　共

水辺の大きな群落。全体にモコモコしている。(京都府、7月)

ミズゴケ節に属し、ミズゴケ類の中で最も一般的。白緑色〜黄緑色の大きな群落をつくり、ときに淡紅色を帯びることも。主に低層湿原〜中間湿原に分布し、湿った場所であれば林床などにも生える。茎葉は舌形で葉先はささくれる。枝葉は卵形〜広い卵形で深く凹みⒶ、葉縁には目立たない歯がある。海外から輸入される乾燥したミズゴケ類は、園芸資材のピートモスとして流通する。

| 日照 | 色 | | 湿度 |
|---|---|---|---|
| 明るい | 湿 白 | 乾 白 | 湿潤 |

分布　北海道〜九州
世界各地

「節」は、科ほどではないが、属よりは大きな差がある種をまとめたもの。

# イボミズゴケ〔疣水蘚〕

*Sphagnum papillosum*　スファグヌム パピロスム　異

イボは肉眼では見えない。（長野県、9月）

　ミズゴケ節に属する淡褐色をした大型のミズゴケⒶ。高層湿原に大群落をつくり、しばしば水面から盛り上がる（小隆起（しょうりゅうき））。茎葉は舌形で舷がなく、上半部はささくれる。枝葉は広い卵形で深く凹む。枝葉の葉緑細胞と接する透明細胞の側壁には多くのパピラがあり、このパピラをイボに例えたのが和名の由来。近縁種のフナガタミズゴケの透明細胞の側壁には櫛（くし）の歯のような突起がある。

日照　　明るい

色　　湿　茶　　乾　茶

湿度　湿潤

分布　北海道～九州
北半球、ニュージーランド

 実に地球の陸地の約3%が高層湿原（ミズゴケ湿原）とされている。

# ムラサキミズゴケ〔紫水蘚〕

*Sphagnum magellanicum*　スファグヌム　マゲラニクム

植物体は大きく、茎から葉にいたるまで紫紅色になる。（長野県、10月）

ミズゴケ節に属する大型のミズゴケ類。外見はオオミズゴケ(p275)に似るが、体全体が紫紅色になる。イボミズゴケ（左頁）などとともに高層湿原に小隆起を形成。紫紅色の大きな群落は遠くからでもわかる。茎葉は舌形で上半部は細かくささくれ、葉縁に舷はない。枝葉は広い卵形で深く凹み、葉先は広く尖る。オオミズゴケやイボミズゴケより産地は少なく、より寒冷地に分布。

日照　色　湿度

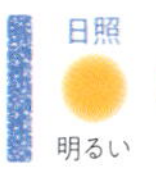

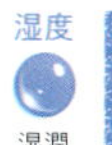


明るい　赤　赤　湿潤

分布　北海道、本州
世界の温帯

ミズゴケの蒴が弾けて胞子を散布する際、ポンっと小さな破裂音がするそう。

# キダチミズゴケ〔木立水蘚〕

*Sphagnum compactum*　スファグヌム コムパクトゥム　異

枝葉が上を向くためにツブツブしている。(北海道。9月)

湿原

土

キダチミズゴケ節に属する中型のミズゴケで、淡い黄色〜淡褐色。高層湿原に生え、固くて密な群落をつくる。枝葉はほとんどが上向きにつくため、群落は枝葉を敷き詰めたように見える。もみ殻をまいたよう、と例えられることも。茎葉は舌形、葉先は広い円頭でややささくれる。枝葉は卵形で深く凹み、先端には不規則な歯がある。近縁種のキレハミズゴケは茎葉が舌形で明瞭な切頭、非常にまれ。

日照

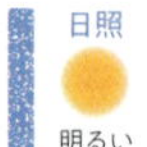

明るい

色

湿 黄-茶　乾 黄-茶

湿度

湿潤

分布　北海道、本州
世界各地

 ミズゴケ湿原では植物遺骸の分解が進まず、泥炭として蓄積される。

# ヒメミズゴケ〔姫水蘚〕

*Sphagnum fimbriatum*

枝が細くて湾曲するため、群落は華奢（きゃしゃ）に見える。（長野県、10月）

湿原

土

舷

茎葉

枝葉

スギバミズゴケ節に属し、低層湿原〜中間湿原および高層湿原の下部によく生える。植物体はほっそりしており、淡緑色〜淡黄緑色。茎葉は中央より上は扇形に広がって糸状に細かく裂ける（総状）。茎葉の基部には舷があるが、上半部にはない。枝葉は披針形で凹む。チャミズゴケの茎葉は広い舌形、茎は黒褐色で折れやすい。ハクサンミズゴケは茎葉が舌形〜二等辺三角形、舷は中部より上で広がる。

日照　色　湿度

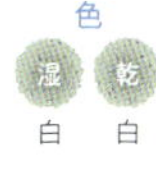

明るい　白　白　湿潤

分布　北海道、本州
世界各地

中間湿原とは、低層湿原から高層湿原に移行する途中の湿原などをさす。

# ウスベニミズゴケ〔薄紅水蘚〕

*Sphagnum capillifolium* var. *tenellum*　スファグヌム カピリフォリウム テネルム　異

小さくて細い。群落の形は端正。(長野県、10月)

スギバミズゴケ節に属し、紫紅色～濃紫色の小型の美しいミズゴケ。泥炭が厚く堆積する高層湿原に生育する。茎葉は平坦で舌形、葉先は広く丸味を帯び、鋸歯がある。舷は基部の幅の1/3～1/2ほど。枝葉はまばらにつき披針形、先端に少数の歯があってわずかに反り返る。茎は茶褐色～紫紅色。本種はスギバミズゴケの変種で、スギバミズゴケの茎葉は多少凹んで丸味を帯びた二等辺三角形。

日照　　明るい

色　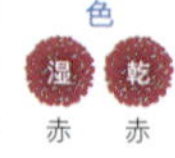　赤（湿）　赤（乾）

湿度　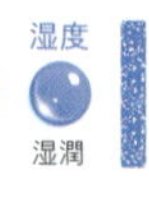　湿潤

分布　北海道、本州
北半球周極地域

 ミズゴケ類には赤みを帯びる種が多い。赤みの有無は種を区別する重要な特徴。

# ゴレツミズゴケ〔五列水蘚〕

*Sphagnum quinquefarium*

一部が赤みを帯び、かわいらしい。(長野県、10月)

スギバミズゴケ節に属し、亜高山〜高山のハイマツ林下や高層湿原の周辺に生える。中型のミズゴケで、植物体の一部は淡紫紅色に着色。茎葉は二等辺三角形。葉先はやや内側に巻き、舷は下部で広がる。枝葉は丸味を帯びた卵形。和名は枝葉が枝に五列につくことから。近縁種のミヤマミズゴケの茎葉は舌形で葉先は円頭、枝葉の先はやや反り返る。ヒナミズゴケでは枝葉の先が反り返らない。

日照

中間

色
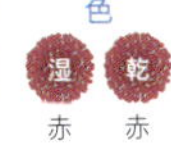

赤　赤

湿度
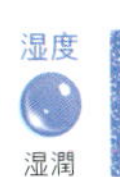
湿潤

分布　北海道、本州
北半球

はるか5000年以上も前から、ミズゴケは脱脂綿として利用されてきた。

# ハリミズゴケ〔針水蘚〕

*Sphagnum cuspidatum*　スファグヌム クスピダトゥム　異

水中にゆらゆらと生えることが多い。(長野県、10月)

　ハリミズゴケ節に属し、中間湿原や高層湿原の水が浸るところに生える沈水性のミズゴケ。濃緑色～黄緑色でサイズ、色ともに変化に富む。茎葉は二等辺三角形で舷の幅は広く、基部の幅の1/2以上を占める。葉先はやや鋭頭で数個の歯がある。枝葉は長い卵形で上部の縁は内曲し、先端に数個の歯がある。近縁種のシナノミズゴケの茎葉の舷の幅は狭く、基部の幅の1/4以下。

分布　北海道～九州
北半球

 水中から水辺、陸地へと乾燥するにつれて、生育するミズゴケの種類が変わる。

# アオモリミズゴケ〔青森水蘚〕

*Sphagnum recurvum* スファグヌム レクルヴム

背が高い割に枝が細く、全体的にほっそりとした印象。(長野県、9月)

ハリミズゴケ節に属し、高層湿原に淡緑色～明るい緑色の群落をつくる。茎葉は三角形で葉先は鈍頭、わずかにささくれる。枝葉は披針形で葉先は徐々に狭くなり尖る。近縁種のサンカクミズゴケは茎葉の先端は鋭頭。コサンカクミズゴケとは下垂枝の葉の透明細胞の特徴が異なるが、形態はよく似ており、野外での識別は難しい。ウツクシミズゴケでは下垂枝の枝葉の葉先が急に尖る。

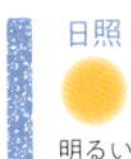
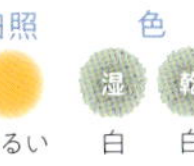

日照：明るい　色：湿 白、乾 白　湿度：湿潤

分布　北海道、本州
北半球周極地域

ミズゴケ類は、透明細胞(p24)の形態(孔の大きさ、数など)が種の区別の決め手。

# サケバミズゴケ〔裂葉水蘚〕

*Sphagnum riparium*　スファグヌム リパリウム　異

山間部の湿原に生える群落。(北海道、9月)

ハリミズゴケ節に属し、高地の中間湿原など常に水に浸るところに生える。大型で明るい緑色の群落をつくり、茎は折れやすい。茎葉は舌形で先端は深く2裂し、裂け目でささくれる。枝葉は披針形。近縁種のフサバミズゴケとコフサバミズゴケの茎葉の葉先はより広くて円く、前種の葉先はV字形に浅く裂け、後種の葉先はU字形に深く裂ける。植物体の色はいずれも淡褐色〜茶褐色。

日照　色　湿度

明るい　緑　緑　湿潤

分布　北海道、本州
世界各地

 ミズホラゴケモドキ(ツキヌケゴケ属)など一部のコケは、ミズゴケの間に混生する。

# ワタミズゴケ〔綿水蘚〕

*Sphagnum tenellum*　スファグヌム テネルム　異

小さくて密に生えるため、群落は綿のよう。（長野県、10月）

ハリミズゴケ節に属する小型のミズゴケ類。高地や高層湿原の水に浸かるような場所に生え、平坦で密な群落をつくる。植物体は淡緑色～黄緑色、繊細で柔らかい印象。茎葉は卵形で深く凹んで側方に展開し、上部は葉縁が内曲して広く尖り、先端はささくれるか歯がある。舷は狭いが葉先近くにまで達し、下部では広がる。枝葉は茎葉とほぼ同形～披針形で、深く凹む。

日照　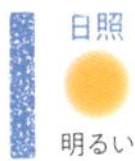　明るい

色　　湿 黄　乾 黄

湿度　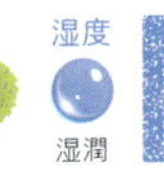　湿潤

分布　北海道～九州
北半球、南米

ミズゴケ類の採取は、法律で特に強く規制されている。

# ウロコミズゴケ〔鱗水蘚〕

直立形

*Sphagnum squarrosum*　スファグヌム スクアロスム　異

針葉樹林の林床。大型で反り返った葉が特徴。(山梨県、9月)

大型のミズゴケでウロコミズゴケ節に属する。植物体は淡緑色〜明るい緑色で、湿原周辺の湿った土上や高地の湿った地上に生育。外観はややオオミズゴケ(p275)に似るが、茎葉は広い舌形で、舷は葉の基部にだけあって狭い。葉先は円頭でささくれる。枝葉は楕円形の基部から急に細く尖り、背側に強く反り返るのが特徴。近縁種のホソミズゴケはサイズが小さく、枝葉の先は弱く反り返る。

日照 色 湿度

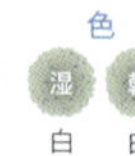

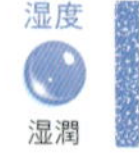

中間　湿 白　乾 白　湿潤

分布　北海道〜四国
北半球

 ミズゴケ類の蒴柄に見える部分は「偽足(p24)」。配偶体の一部からできている。

コラム

# 生態系におけるコケの役割

　コケはほかの植物とは異なる体のつくりを持つため、生態系の中で「コケならでは」の機能がたくさんある。その一つが森の栄養塩類(※)の循環。体の表面から直接に水を吸収できるコケは、雨や霧に含まれている栄養分を効率よく取り込むことができる。生物の生存に必須な元素のリン(P)を例に見てみよう。アラスカの針葉樹林で行われた研究によれば、森林の地上部全体に占めるコケの割合はわずか5%ほどなのに、森林におけるリンの吸収の75%を担っていたそうだ。

　さらに、コケの機能の中には、人類の未来を握っているものさえある。現在、二酸化炭素などの温室効果ガスの濃度が上昇し、地球全体の気温が上がる温暖化が問題になっている。実は、二酸化炭素($CO_2$)のもとになる炭素(C)を最も蓄えている生態系の一つが、ミズゴケが幅を利かせる高層湿原だ。高層湿原では低い気温やミズゴケなどの作用で植物の分解が進まず、場所によっては1万年以上前の植物が完全に分解されずに残っていることもある。つまり、本来ならば分解されて二酸化炭素になるはずの植物遺骸が、高層湿原では長く地中にとどまっている、といえる。ちなみに、高層湿原は実に地球の陸地の3%もの面積を占める。ある試算によれば、高層湿原には、現在の大気中の二酸化炭素とほぼ同量のものが炭素の形で蓄積されているという。コケは決してコケにできないのだ。

(※)栄養塩類:生物の生存に必要なリンやナトリウム、カリウムなどのミネラルのこと。

雨竜沼(うりゅうぬま)湿原(北海道)。約1万年前に枯死した植物が完全には分解せず、泥炭の形で蓄積されている。

# 和名索引　※緑は写真掲載ページ

【ア行】

アイバゴケ …… 251
アオイトゴケ …… 163
アオギヌゴケ …… 41, 165
アオギボウシゴケ …… 269
アオゴケ …… 139
アオシノブゴケ …… 85
アオハイゴケ …… 169
アオモリミズゴケ …… 283
アカイチイゴケ …… 102
アカウロコゴケ …… 86
アカタカネゴケ …… 195
アカヤスデゴケ …… 185
アズマゼニゴケ …… 129
アゼゴケ …… 5, 44
アツブサゴケ …… 167
アツブサゴケモドキ …… 167
アブラゴケ …… 101
アラハシラガゴケ …… 80, 103
アラハヒツジゴケ …… 226
アリノオヤリ …… 222
アリノヨツバ …… 222
イイシバゴケ …… 270
イクビゴケ …… 138
イタチゴケ …… 153
イタチノシッポ→ヒノキゴケ
イチョウウキゴケ …… 66
イチョウゴケ …… 251
イトゴケ …… 94
イトハイゴケ …… 234
イトヒキフデノホゴケ …… 108
イヌムクムクゴケ …… 199, 201
イバラゴケ …… 101
イボカタウロコゴケ …… 241
イボミズゴケ …… 276, 277
イボミスジヤバネゴケ …… 107
イボヤマトイタチゴケ …… 153
イワイトゴケ …… 164
イワイトゴケモドキ …… 164
イワダレゴケ …… 10, 213, 229, 230
イワマセンボンゴケ …… 81
ウカミカマゴケ …… 161
ウキゴケ（ウキウキゴケ）…… 64
ウサミヤスデゴケ …… 185
ウスバゼニゴケ …… 203
ウスベニミズゴケ …… 280
ウチワチョウジゴケ …… 207
ウツクシハネゴケ …… 124
ウツクシミズゴケ …… 283
ウニバヒシャクゴケ …… 200
ウマスギゴケ …… 6, 75, 76, 219
ウラベニジャゴケ …… 204
ウロコゴケ …… 117
ウロコゼニゴケ …… 56
ウロコミズゴケ …… 286
ウワバミゴケ …… 124
エゾイチョウゴケ …… 251
エゾイトゴケ …… 162
エゾキンモウゴケ …… 149
エゾスナゴケ …… 14, 16, 141, 142
エゾチョウチンゴケ …… 215
エゾトサカゴケ …… 197
エゾハイゴケ …… 173
エゾヒメヤバネゴケ …… 250
エゾヒラゴケ …… 157
エゾホウオウゴケ …… 88
エゾミズゼニゴケ …… 206
エゾムチゴケ …… 245
エゾヤノネゴケ …… 166
エダウロコゴケモドキ …… 53, 109
エダツヤゴケ …… 83
エビゴケ …… 133
オオウロコゴケ …… 117, 197
オオカサゴケ …… 150
オオギボシゴケモドキ …… 162
オオクラマゴケモドキ …… 191
オオサナダゴケ …… 182
オオサナダゴケモドキ …… 182
オオサワラゴケ …… 123
オオシカゴケ …… 232
オオシッポゴケ …… 69, 87, 137
オオシノブゴケ …… 238
オオジャゴケ …… 204
オオシラガゴケ …… 103
オオスギゴケ …… 75, 76, 219
オオタマコモチイトゴケ …… 106
オオトラノオゴケ …… 158
オオハイヒモゴケ …… 95
オオバチョウチンゴケ …… 180
オオヒシャクゴケ …… 256
オオフサゴケ …… 232
オオベニハイゴケ …… 175
オオホウキゴケ …… 119
オオミズゴケ …… 275, 277, 286
オオミミゴケ …… 93
オオムカデゴケ→ムチゴケ
オカムラゴケ …… 52
オゼヒシャクゴケ …… 255
オタルヤバネゴケ …… 243

オヤコゴケ …… 257
オリーブツボミゴケ …… 86
【カ行】
カイガラゴケ …… 109
カガミゴケ …… 187
カギカモジゴケ …… 208
カギハイゴケ …… 225
カギバダンツウゴケ→ミノゴケ
カギヤスデゴケ …… 186
カサゴケ …… 150
カサゴケモドキ …… 150
カシワバチョウチンゴケ
→ムツデチョウチンゴケ
カタウロコゴケ …… 241
カタハマキゴケ …… 35
ガッサンクロゴケ …… 267
カヅノゴケ→ウキウキゴケ
カビゴケ …… 116
カマサワゴケ …… 92, 131
カマハコミミゴケ …… 115
カモジゴケ …… 69, 137, 209
カラフトキンモウゴケ …… 16, 51, 149
カラヤスデゴケ …… 186
カリフォルニアテガタゴケ …… 253
カワゴケ …… 170
カンハタケゴケ …… 65
キイウリゴケ …… 48
キザミイチョウゴケ …… 257
キダチクジャクゴケ …… 154
キダチヒダゴケ …… 158
キダチヒラゴケ …… 97
キダチミズゴケ …… 278
キツネゴケ …… 270
キツネノオゴケ …… 158
キヌヒバゴケ …… 94
キノクニオカムラゴケ …… 52
キハネゴケ …… 125
キヒシャクゴケ …… 256
ギボウシゴケモドキ→アオイトゴケ
キャラハゴケ …… 176
キヨスミイトゴケ …… 94
キリシマゴケ …… 244
キレハコマチゴケ …… 111
キレハミズゴケ …… 278
ギンゴケ …… 15, 38, 39
キンシナガダイゴケ …… 132
キンモウヤノネゴケ …… 166
クサゴケ …… 172
クジャクゴケ …… 154
クチキゴケ …… 86
クチベニゴケ→ヒナノハイゴケ
クビレケビラゴケ …… 118
クマノチョウジゴケ …… 207
クモノスゴケ …… 205
クモノスゴケモドキ …… 205
クモマタマゴケ …… 130
クラマゴケモドキ …… 189
クロカワキゴケ …… 212
クロカワゴケ …… 170
クロゴケ …… 267
ケギボウシゴケ …… 78
ケクビゼニゴケ …… 128
ケクラマゴケモドキ …… 190
ケシゲリゴケ …… 240
ケスジスギゴケ …… 262
ケゼニゴケ …… 128
ケチョウチンゴケ …… 146
ケテガタゴケ …… 253
ケナシチョウチンゴケ …… 145
ケヘチマゴケ …… 71
ケミノゴケ …… 105
コアミメヒシャクゴケ …… 200
コウチワチョウチンゴケ …… 214
コウヤノマンネングサ …… 151, 152, 223
コウライイチイゴケ …… 176
コウライタマゴケ …… 130
コオイゴケ …… 254
コカモジゴケ …… 136
コクサゴケ …… 177
コクサリゴケ …… 58
コゴメゴケ …… 37, 50, 53
コサンカクミズゴケ …… 283
コスギゴケ …… 74
コスギバゴケ …… 196
コセイタカスギゴケ …… 90, 217, 218
コタチヒダゴケ …… 50
コダマゴケ→タチヒダゴケ
コチョウチンゴケ …… 144
コツクシサワゴケ …… 92
コツボゴケ …… 84
コツリガネゴケ …… 44
コハイゴケ …… 54
コハイヒモゴケ …… 95
コハタケゴケ …… 64
コハネゴケ …… 125
コバノイトゴケ …… 164
コバノエゾシノブゴケ …… 238
コバノスナゴケ …… 141
コバノチョウチンゴケ …… 72, 215
コフサゴケ …… 231
コフサバミズゴケ …… 284
コホウオウゴケ …… 140

コマチゴケ 111
コマノキヌイトゴケ 163
コムチゴケ 121
コメバキヌゴケ 179
コメバギボウシゴケ 79
コモチイトゴケ 55
コモチネジレゴケ 37, 53
ゴレツミズゴケ 281
【サ行】
サイシュウヒラゴケ 224
サイハイゴケ 274
サクライキリシマゴケ 244
サケバミズゴケ 284
サメジマタスキ 96
サヤゴケ 37, 51
サワクサリゴケ 115
サワゴケ 131
サワラゴケ 199, 201
サンカクミズゴケ 283
シゲリゴケ 113
シコクミノゴケ→ミノゴケ
シシゴケ 15, 143
シタゴケ 156
シタバヒシャクゴケ 200
シダレヤスデゴケ 186
シッポゴケ 69, 137, 222
シリクジャクゴケ 154
シナノミズゴケ 282
シノブヒバゴケ 227
シモフリゴケ 12, 260
シャクシゴケ 203
ジャゴケ 60, 99, 204
ジャバウルシゴケ 112
ジャバシラガゴケ 103
ジャワツノゴケモドキ 67
ジョウレンホウオウゴケ 88
シロコオイゴケ 254
シロヤバネゴケ 250
シワラッコゴケ 174
ジンガサゴケ 59
ジンチョウゴケ 274
スギゴケ 214, 219, 254
スギバゴケ 248, 256
スギバミズゴケ 280
スケバウロコゴケ 188
スジチョウチンゴケ 145
ススキゴケ 134
スズゴケ 155
スナゴケ→エゾスナゴケ
セイタカスギゴケ 217, 218
セイタカチョウチンゴケ 214
ゼニゴケ 41, 43, 61, 62
ソラニギボウシゴケ 78
【タ行】
タカオジャゴケ 204
タカサゴサガリゴケ 96
タカネイチョウゴケ 249
タカネカモジゴケ 211
タカネケシリゴケ 240
タカネゴケ 270
タカネスギゴケ 263
タカネスジゴケ 258
タカネチョウチンゴケ 213
タカネミゾゴケ 195
タカネヤバネゴケ 243
タチハイゴケ 230
タチバヒダゴケ 50
タチヒダゴケ 50, 53, 186
タチヒラゴケ 156
ダチョウゴケ 235
タマゴケ 130
タマゴバムチゴケ 247
チシマシッポゴケ 209
チヂミカヤゴケ 192
チヂミバコブゴケ 136
チャシッポゴケ 208
チャツボミゴケ 193
チャボクサリゴケ 113
チャボサヤゴケ 51
チャボスギゴケ 148
チャボスズゴケ 184
チャボヒラゴケ 157
チャボホラゴケモドキ 110
チャボマツバウロコゴケ 252
チャミズゴケ 279
チュウゴクネジクチゴケ 46
チョウセンスナゴケ 259
ツガゴケ 99, 100
ツキヌキゴケ 239
ツクシウロコゴケ 117
ツクシツバナゴケ 269
ツクシツボミゴケ 119
ツクシナギゴケ→ヒメナギゴケ
ツクシナギゴケモドキ 82
ツチノウエノコゴケ 47
ツチノウエノタマゴケ 47
ツツソロイゴケ 187
ツノゴケモドキ 67
ツボゴケ 84
ツボゼニゴケ 59
ツヤゼニゴケ 61
ツヤヘチマゴケ 261

ツリミギボウシゴケ …… 268
ツルチョウチンゴケ …… 180
テガタゴケ …… 253
テヅカチョウチンゴケ …… 180
テリカワキゴケ …… 212
ドウゴケ→ホンモンジゴケ
トウヨウチョウチンゴケ …… 144
トカチスナゴケ …… 212
トガリゴケ …… 55, 183
トガリスギバゴケ …… 196
トサカゴケ …… 197, 202
トサカホウオウゴケ …… 89, 140
トサノゼニゴケ …… 61
トサノタスキゴケ …… 96
トサハネゴケ …… 124
トサホラゴケモドキ …… 110
トヤマシノブゴケ …… 85
トラノオゴケ …… 181
【ナ行】
ナガエタチヒラゴケ …… 156
ナガエノスナゴケ …… 259
ナガサキツノゴケ …… 68
ナガシタバヨウジョウゴケ …… 114
ナガスジコモチイトゴケ …… 106
ナガハコゴケ …… 47
ナガバチヂレゴケ …… 141
ナガヒツジゴケ …… 165
ナガヘチマゴケ …… 261
ナシガタソロイゴケ …… 187
ナスシッポゴケ …… 208
ナミガタタチゴケ …… 73
ナミシッポゴケ …… 210
ナメリカタウロコゴケ …… 241
ナメリチョウチンゴケ …… 144
ナンジャモンジャゴケ …… 266
ニスビキカヤゴケ …… 190
ニセヤハズゴケ …… 205
ニワツノゴケ …… 68
ヌマゴケ …… 261
ヌマヒシャクゴケ …… 255
ネジクチゴケ …… 45
ネズミノオゴケ …… 168
ノグチサキジロゴケ …… 273
ノコギリコオイゴケ …… 127
ノミハニワゴケ …… 179
【ハ行】
ハイキンモウゴケ …… 149
ハイゴケ …… 54, 83, 175, 225, 256
ハイスギバゴケ …… 248
ハイヒモゴケ …… 93, 95
ハクサンミズゴケ …… 279
ハットリチョウチンゴケ …… 145
ハナシエボウシゴケ …… 181
ハネヒラゴケ …… 224
ハマキゴケ …… 5, 35
[illegible] …… 147
ハラウロコゴケ …… 86
ハリガネゴケ …… 48
ハリスギゴケ …… 264
ハリヒノキゴケ …… 91
ハリミズゴケ …… 282
バンダイゴケ …… 184
ヒカリゴケ …… 220
ヒゴイチイゴケ …… 102
ヒジキゴケ …… 49, 181
ヒダハイチイゴケ …… 102
ヒナイトゴケ …… 178
ヒナノハイゴケ …… 40
ヒナミズゴケ …… 281
ヒノキゴケ …… 77, 91
ヒムロゴケ …… 159
ヒメアカヤスデゴケ …… 186
ヒメウルシゴケ …… 112
ヒメカガミゴケ …… 183
ヒメカサナリゴケ …… 272
ヒメカモジゴケ …… 136
ヒメクサリゴケ …… 114
ヒメクラマゴケモドキ …… 189
ヒメコクサゴケ …… 177
ヒメサキジロゴケ …… 273
ヒメシノブゴケ …… 85
ヒメジャゴケ …… 60
ヒメスギゴケ …… 74
ヒメスズゴケ …… 178
ヒメタチゴケ …… 73
ヒメトサカゴケ …… 197, 198
ヒメナギゴケ …… 82
ヒメニオイウロコゴケ→ヒメトサカゴケ
ヒメハイゴケ …… 54
ヒメハゴロモゴケ …… 97
ヒメハネゴケ …… 242
ヒメハミズゴケ …… 147
ヒメミズゴケ …… 279
ヒメミズゴケモドキ …… 126
ヒメミノリゴケ …… 57
ヒモヒツジゴケ …… 165
ヒョウタンゴケ …… 43
ヒヨクゴケ …… 227
ヒラハイゴケ …… 173
ヒロクチゴケ …… 44
ヒロハススキゴケ …… 135
ヒロハツヤゴケ …… 83

ヒロハテングサゴケ 258
ヒロハヒノキゴケ 7, **91**
フウリンゴケ **216**
フォーリーイチョウゴケ 249
フォーリーサキジロゴケ **273**
フォーリースギバゴケ **122**
フォーリームチゴケ 245
フクレヤバネゴケ 194
フクロヤバネゴケ **194**
フサアイバゴケ 251
フサゴケ 231
フサバミズゴケ 284
フジウロコゴケ **188**, 197
フジシッポゴケ 211
フジノマンネングサ **223**, 227
フジハイゴケ **233**
フソウツキヌキゴケ 239
フタバネゼニゴケ **61**
フタバムチゴケ 247
フチナシツガゴケ 100
フデゴケ 70
フトゴケ **271**
フトスズゴケ 155
フトリュウビゴケ **171**
フナガタミズゴケ 276
フルノコゴケ **57**
フロウソウ 15, **151**, 152, 223
ヘチマゴケ **71**
ヘラハネジレゴケ **36**
ホウオウゴケ **89**
ホウライスギゴケ **90**, 217
ホソウリゴケ **38**, 39
ホソオカムラゴケ **52**
ホソバオキナゴケ 17, **80**, 103
ホソバギボウシゴケ 78, **79**
ホソバコオイゴケ 127
ホソバチュウゴクネジクチゴケ 46
ホソバミズゴケ **221**
ホソバミズゼニゴケ **206**
ホソベリミズゴケ 221
ホソミズゴケ 286
ホソミズシダゴケ 160
ホソミゾゴケ 195
ホソムジナゴケ 104
ホラゴケモドキ 239
ホンシノブゴケ **237**
ホンモンジゴケ 15, **81**
**【マ行】**
マキノミノゴケ→ミノゴケ
マツバウロコゴケ 196, **252**
マルダイゴケ **265**
マルバクラマゴケモドキ 191
マルバコオイゴケ 127
マルバコオイゴケモドキ 127
マルバツガゴケ **100**
マルバハネゴケ 125, 242
マルバヒメクサリゴケ 58
マルバヤバネゴケ **243**
マルフサゴケ **182**
ミカヅキゼニゴケ **41**
ミズシダゴケ 8, **160**
ミスジヤバネゴケ **107**
ミズゼニゴケモドキ 202
ミズホラゴケモドキ 284
ミゾウキゴケ 64
ミドリゼニゴケ **202**
ミノゴケ **105**
ミヤケツノゴケ 68
ミヤハタケゴケ **66**
ミヤコゼニゴケ 59
ミヤコノケビラゴケ 118
ミヤマイクビゴケ 138
ミヤマカギハイゴケ 161
ミヤマクサゴケ **236**
ミヤマサナダゴケ 182
ミヤマスギバゴケ **248**
ミヤマスナゴケ **259**
ミヤマチリメンゴケ **234**
ミヤマハネゴケ 242
ミヤマミズゴケ 281
ミヤマミズゼニゴケ 206
ミヤマリュウビゴケ **228**
ムクムクゴケ 199, **201**
ムジナゴケ **104**
ムチゴケ **121**
ムチハネゴケ 124
ムツデチョウチンゴケ **213**
ムラサキミズゴケ 13, **277**
ムラサキヤネゴケ→ヤノウエノアカゴケ
**【ヤ行】**
ヤクシマゴケ **120**
ヤクシマタチゴケ 73
ヤクシマツガゴケ 99
ヤクシマテングサゴケ 202
ヤクシマミズゴケモドキ 126
ヤチゼニゴケ 62
ヤツガタケウロコゼニゴケ 56
ヤノウエノアカゴケ **42**
ヤノネゴケ **166**
ヤマゴケ 268
ヤマコスギゴケ 148
ヤマトクラマゴケモドキ 189

ヤマトケビラゴケ …… 118
ヤマトコミミゴケ …… 115
ヤマトチョウチンゴケ …… 84
ヤマトツノゴケモドキ …… 67
ヤマトツリバリゴケ→ヤマト[illegible]
ヤマトヒラゴケ …… 156
ヤマトフデゴケ …… 70
ヤマトミノゴケ→ミノゴケ
ヤマトムチゴケ …… 121, 246
ヤマトヨウジョウゴケ …… 114
ヤリギホウシゴケ …… 268
ヤワラゼニゴケ …… 63
ユガミチョウチンゴケ …… 215
ユミダイゴケ …… 132
ユリミゴケ …… 265
ヨシナガムチゴケ …… 246
ヨツバゴケ …… 222
【ラ行】
ラセンゴケ …… 98
ラッコゴケ …… 174
リシリゼニゴケ …… 274
リスゴケ …… 153
リュウキュウイクビゴケ …… 138
リュウキュウミノゴケ …… 105
レイシゴケ …… 109
【ワ行】
ワタミズゴケ …… 285

## 学名索引

【A】
*Acrolejeunea sandvicensis* …… 57
*Andreaea rupestris* var. *fauriei* …… 267
*Aneura pinguis* …… 202
*Anomodon giraldii* …… 162
*Anomodon minor* …… 163
*Anthelia juratzkana* …… 272
*Apopellia endiviifolia* …… 206
*Atrichum undulatum* …… 73
【B】
*Barbella flagellifera* …… 94
*Barbula unguiculata* …… 45
*Bartramia pomiformis* …… 130
*Bartramiopsis lescurii* …… 216
*Bazzania denudata* …… 247
*Bazzania pompeana* …… 121
*Bazzania trilobata* …… 245
*Bazzania yoshinagana* …… 246
*Blasia pusilla* …… 203
*Blepharostoma trichophyllum* …… 252
*Boulaya mittenii* …… 184
*Brachymenium exile* …… 38
*Brachythecium brotheri* …… 226
*Brachythecium helminthocladum* …… 165
*Brothera leana* …… 143
*Brotherella henonii* …… 183
*Bryhnia novae-angliae* …… 166
*Bryonoguchia molkenboeri* …… 237
*Bryoxiphium norvegicum* subsp. *japonicum* 133
*Bryum argenteum* …… 39
*Buxbaumia aphylla* …… 207
【C】
*Callicladium haldanianum* …… 172
*Calliergonella lindbergii* …… 173
*Calypogeia angusta* …… 239
*Calypogeia tosana* …… 110
*Campylopus japonicus* …… 70
*Ceratodon purpureus* …… 42
*Cheilolejeunea obtusifolia* …… 113
*Chiloscyphus polyanthos* …… 188
*Clastobryopsis robusta* …… 106
*Clastobryum glabrescens* …… 107
*Climacium dendroides* …… 151
*Climacium japonicum* …… 152
*Cololejeunea raduliloba* …… 114
*Conocephalum conicum* …… 204
*Conocephalum japonicum* …… 60
*Cratoneuron filicinum* …… 160
【D】
*Dicranella heteromalla* …… 134
*Dicranella palustris* …… 135
*Dicranum flagellare* …… 136
*Dicranum hamulosum* …… 208
*Dicranum japonicum* …… 137
*Dicranum majus* …… 209
*Dicranum nipponense* …… 69
*Dicranum polysetum* …… 210
*Dicranum viride* var. *hakkodense* …… 211
*Didymodon constrictus* …… 46
*Diphyscium fulvifolium* …… 138
*Diplophyllum serrulatum* …… 127
*Distichophyllum maibarae* …… 99
*Distichophyllum obtusifolium* …… 100
*Dolichomitra cymbifolia* var. *subintegerrima* …… 181
*Douinia plicata* …… 254
*Dumortiera hirsuta* …… 128
【E】
*Entodon flavescens* …… 83
【F】
*Fabronia matsumurae* …… 53
*Fauriella tenuis* …… 109

*Fissidens dubius* 140
*Fissidens geppii* 88
*Fissidens nobilis* 89
*Fontinalis antipyretica* 170
*Forsstroemia japonica* 178
*Forsstroemia trichomitria* 155
*Fossombronia japonica* 56
*Frullania davurica* 185
*Frullania muscicola* 186
*Funaria hygrometrica* 43
*Fuscocephaloziopsis albescens* 250
*Fuscocephaloziopsis leucantha* 243
【G】
*Glyphomitrium humillimum* 51
*Gollania ruginosa* 174
*Grimmia fuscolutea* 268
*Grimmia pilifera* 78
*Grimmia reflexidens* 269
*Gymnomitrion faurianum* 273
【H】
*Haplocladium angustifolium* 179
*Haplohymenium triste* 164
*Haplomitrium mnioides* 111
*Hedwigia ciliata* 49
*Herbertus aduncus* 244
*Herpetineuron toccoae* 98
*Heterophyllium affine* 236
*Heteroscyphus coalitus* 117
*Homalia trichomanoides* var. *japonica* 156
*Homaliodendron flabellatum* 97
*Homalothecium laevisetum* 167
*Hookeria acutifolia* 101
*Hylocomiastrum himalayanum* 227
*Hylocomiastrum pyrenaicum* 228
*Hylocomium brevirostre* var. *cavifolium* 171
*Hylocomium splendens* 229
*Hyophila involuta* 35
*Hypnum fujiyamae* 233
*Hypnum plicatulum* 234
*Hypnum plumaeforme* 54
*Hypnum sakuraii* 175
*Hypopterygium flavolimbatum* 154
【I】
*Isocladiella surcularis* 108
*Isotachis japonica* 120
*Isothecium subdiversiforme* 177
【J】
*Jubula japonica* 112
【K】
*Kurzia makinoana* 196
【L】
*Lejeunea japonica* 115
*Lepidozia fauriana* 122
*Lepidozia subtransversa* 248
*Leptolejeunea elliptica* 116
*Leucobryum juniperoideum* 80
*Leucobryum scabrum* 103
*Leucodon sapporensis* 153
*Liochlaena subulata* 187
*Lophocolea heterophylla* 197
*Lophocolea minor* 198
*Lophozia silvicoloides* 249
*Lunularia cruciata* 41
【M】
*Macromitrium japonicum* 105
*Marchantia paleacea* subsp. *diptera* 61
*Marchantia polymorpha* subsp. *ruderalis* 62
*Marsupella emarginata* subsp. *tubulosa* var. *tubulosa* 195
*Mastigophora diclados* 123
*Meteoriella soluta* 93
*Meteorium buchananii* subsp. *helminthocladulum* 95
*Microlejeunea ulicina* 58
*Mnium lycopodioides* 144
*Monosolenium tenerum* 63
*Mylia taylorii* 241
*Myuroclada maximowiczii* 168
【N】
*Nardia assamica* 86
*Neckera pennata* 224
*Neckera yezoana* 157
*Neotrichocolea bissetii* 199
*Nipponolejeunea pilifera* 240
*Notothylas orbicularis* 67
*Nowellia curvifolia* 194
【O】
*Okamuraea brachydictyon* 52
*Orthotrichum consobrinum* 50
*Oxyrrhynchium savatieri* 82
【P】
*Pallavicinia subciliata* 205
*Phaeoceros carolinianus* 68
*Philonotis falcata* 92
*Philonotis fontana* 131
*Physcomitrium sphaericum* 44
*Plagiochila porelloides* 242
*Plagiochila pulcherrima* 124
*Plagiochila sciophila* 125
*Plagiomnium acutum* 84
*Plagiomnium vesicatum* 180
*Plagiothecium euryphyllum* 182

*Pleurozia acinosa* ··· 126
*Pleuroziopsis ruthenica* ··· 223
*Pleurozium schreberi* ··· 230
*Pogonatum cirratum* subsp. *fuscatum* ··· 90
*Pogonatum contortum* ··· 217
*Pogonatum dentatum* ··· 262
*Pogonatum inflexum* ··· 74
*Pogonatum japonicum* ··· 218
*Pogonatum otaruense* ··· 148
*Pogonatum sphaerothecium* ··· 263
*Pogonatum spinulosum* ··· 147
*Pohlia flexuosa* ··· 71
*Pohlia longicollis* ··· 261
*Polytrichastrum formosum* ··· 75
*Polytrichum commune* ··· 76
*Polytrichum juniperinum* ··· 219
*Polytrichum piliferum* ··· 264
*Porella fauriei* ··· 190
*Porella grandiloba* ··· 191
*Porella perrottetiana* ··· 189
*Porella ulophylla* ··· 192
*Pseudobarbella levieri* ··· 96
*Pseudobryum speciosum* ··· 213
*Pseudotaxiphyllum pohliaecarpum* ··· 102
*Pterobryon arbuscula* ··· 159
*Ptilidium pulcherrimum* ··· 253
*Ptilium crista-castrensis* ··· 235
*Pylaisiadelpha tenuirostris* ··· 55
*Pyrrhobryum dozyanum* ··· 77
*Pyrrhobryum spiniforme* var. *badakense* ··· 91
【R】
*Racomitrium barbuloides* ··· 141
*Racomitrium fasciculare* ··· 259
*Racomitrium japonicum* ··· 142
*Racomitrium laetum* ··· 212
*Racomitrium lanuginosum* ··· 260
*Radula constricta* ··· 118
*Reboulia hemisphaerica* subsp. *orientalis* ··· 59
*Rhizomnium magnifolium* ··· 214
*Rhizomnium striatulum* ··· 145
*Rhizomnium tuomikoskii* ··· 146
*Rhodobryum ontariense* ··· 150
*Rhynchostegium riparioides* ··· 169
*Rhytidiadelphus japonicus* ··· 231
*Rhytidiadelphus triquetrus* ··· 232
*Rhytidium rugosum* ··· 271
*Riccardia subalpina* ··· 258
*Riccia fluitans* ··· 64
*Riccia nipponica* ··· 65
*Ricciocarpos natans* ··· 66
*Rigodiadelphus robustus* ··· 270
*Rosulabryum capillare* ··· 48
【S】
*Saelania glaucescens* ··· 139
*Sanionia uncinata* ··· 225
*Sauteria spongiosa* ··· 274
*Scapania bolanderi* ··· 256
*Scapania paludicola* ··· 255
*Scapania parvitexta* ··· 200
*Schistidium strictum* ··· 79
*Schistochilopsis incisa* ··· 257
*Schistostega pennata* ··· 220
*Scopelophila cataractae* ··· 81
*Solenostoma infuscum* ··· 119
*Solenostoma vulcanicola* ··· 193
*Sphagnum capillifolium* var. *tenellum* ··· 280
*Sphagnum compactum* ··· 278
*Sphagnum cuspidatum* ··· 282
*Sphagnum fimbriatum* ··· 279
*Sphagnum girgensohnii* ··· 221
*Sphagnum magellanicum* ··· 277
*Sphagnum palustre* ··· 275
*Sphagnum papillosum* ··· 276
*Sphagnum quinquefarium* ··· 281
*Sphagnum recurvum* ··· 283
*Sphagnum riparium* ··· 284
*Sphagnum squarrosum* ··· 286
*Sphagnum tenellum* ··· 285
【T】
*Takakia lepidozioides* ··· 266
*Taxiphyllum alternans* ··· 176
*Tetraphis geniculata* ··· 222
*Tetraplodon mnioides* ··· 265
*Thamnobryum subseriatum* ··· 158
*Thuidium kanedae* ··· 85
*Thuidium tamariscinum* ··· 238
*Tortula muralis* ··· 36
*Tortula pagorum* ··· 37
*Trachycystis flagellaris* ··· 215
*Trachycystis microphylla* ··· 72
*Trachypus bicolor* ··· 104
*Trematodon longicollis* ··· 132
*Trichocolea tomentella* ··· 201
*Tritomaria exsecta* ··· 251
【U】
*Ulota crispa* ··· 149
【V】
*Venturiella sinensis* ··· 40
【W】
*Warnstorfia fluitans* ··· 161
*Weissia controversa* ··· 47
*Wiesnerella denudata* ··· 129

著者（文・写真）

**大石善隆**（おおいし・よしたか）

静岡県浜松市出身。京都大学農学研究科博士課程修了。博士（農学）。現在、福井県立大学学術教養センター教授。専門はコケ生物学。日本全国をまたにかけ、小さな体でたくましく、健気に生きるコケの秘密に迫る。大学ではコケの生態を紹介する「コケの世界」をはじめとして、コケから自然環境や文化、ときに人生を考える講義を行う。著書に『苔三昧 モコモコ・うるうる・寺めぐり』（岩波書店）など。



| | | | |
|---|---|---|---|
| 本文デザイン | 水野哲也（Watermark） | 本文イラスト | 楢崎義信　大石善隆 |
| 撮影 | 竹前 朗（p14-16、p296） | 撮影協力 | 福井県立大学永平寺キャンパス |
| DTP協力 | 渡邉祥子 | 編集協力 | 矢嶋恵理 |
| 編集担当 | 柳沢裕子（ナツメ出版企画株式会社） | | |


本書に関するお問い合わせは、書名・発行日・該当ページを明記の上、下記のいずれかの方法にてお送りください。電話でのお問い合わせはお受けしておりません。

・ナツメ社webサイトの問い合わせフォーム
https://www.natsume.co.jp/contact
・FAX（03-3291-1305）
・郵送（下記、ナツメ出版企画株式会社宛て）

なお、回答までに日にちをいただく場合があります。正誤のお問い合わせ以外の書籍内容に関する解説・個別の相談は行っておりません。あらかじめご了承ください。

# じっくり観察 特徴がわかる コケ図鑑


2019年 5月 2日　初版発行
2022年 5月20日　第8刷発行

著　者　大石善隆（おおいしよしたか）
発行者　田村正隆





発行所　株式会社ナツメ社
東京都千代田区神田神保町1-52　ナツメ社ビル1F（〒101-0051）
電話　03-3291-1257（代表）　FAX 03-3291-5761
振替　00130-1-58661

制　作　ナツメ出版企画株式会社
東京都千代田区神田神保町1-52　ナツメ社ビル3F（〒101-0051）
電話　03-3295-3921（代表）

印刷所　ラン印刷社

ISBN978-4-8163-6641-3

Printed in Japan

〈定価はカバーに表示してあります〉〈乱丁・落丁本はお取り替えします〉